"十四五"职业教育国家规划教材

高等职业教育机电类工学结合教学改革成果系列教材

AutoCAD 2010
绘图技能实用教程

主　编　朱向丽
副主编　刘　玲　林　胜
参　编　梁必强　陆颖荣
主　审　黄政艳

机 械 工 业 出 版 社

本书是“十四五”职业教育国家规划教材。

本书依据工程图的绘图思路以及学习者的认知规律，通过各教学任务的实施，系统地介绍 AutoCAD 2010 的绘图命令、绘图方法与技巧，力图使学习者在“做中学”的同时，尽快提高 AutoCAD 的绘图技能。

全书以教学单元为主线，内容包括 AutoCAD 2010 的基本操作、绘制平面图形、文字与尺寸标注、图块、绘制工程图、图形打印与输出等。本书附录介绍了 AutoCAD 常用功能键与快捷键、常用命令、绘图常见问题及解决方法等。为了突出绘图技能的训练，在每个教学任务后，都安排有相应的课后练习。

本书可作为高职高专院校、中职学校机电类各专业的计算机绘图教材，也可作为 AutoCAD 职业技能培训教材或参考书。

本书配有电子课件，凡使用本书作教材的教师可登录机械工业出版社教育服务网（http：//www.cmpedu.com）下载。咨询电话：010-88379375。

图书在版编目（CIP）数据

AutoCAD 2010 绘图技能实用教程/朱向丽主编．—北京：机械工业出版社，2012.8（2025.1 重印）
高等职业教育机电类工学结合教学改革成果系列教材
ISBN 978-7-111-39613-0

Ⅰ.①A…　Ⅱ.①朱…　Ⅲ.①AutoCAD 软件—高等职业教育—教材　Ⅳ.①TP391.72

中国版本图书馆 CIP 数据核字（2012）第 205675 号

机械工业出版社（北京市百万庄大街 22 号　邮政编码 100037）
策划编辑：边　萌　责任编辑：陈　宾　边　萌　王　丹
版式设计：姜　婷　责任校对：刘怡丹
封面设计：鞠　杨　责任印制：张　博
北京建宏印刷有限公司印刷
2025 年 1 月第 1 版第 22 次印刷
184mm×260mm · 7.25 印张 · 156 千字
标准书号：ISBN 978-7-111-39613-0
定价：24.00 元

电话服务	网络服务
客服电话：010-88361066	机　工　官　网：www.cmpbook.com
010-88379833	机　工　官　博：weibo.com/cmp1952
010-68326294	金　　书　　网：www.golden-book.com
封底无防伪标均为盗版	机工教育服务网：www.cmpedu.com

关于“十四五”职业教育
国家规划教材的出版说明

为贯彻落实《中共中央关于认真学习宣传贯彻党的二十大精神的决定》《习近平新时代中国特色社会主义思想进课程教材指南》《职业院校教材管理办法》等文件精神，机械工业出版社与教材编写团队一道，认真执行思政内容进教材、进课堂、进头脑要求，尊重教育规律，遵循学科特点，对教材内容进行了更新，着力落实以下要求：

1. 提升教材铸魂育人功能，培育、践行社会主义核心价值观，教育引导学生树立共产主义远大理想和中国特色社会主义共同理想，坚定“四个自信”，厚植爱国主义情怀，把爱国情、强国志、报国行自觉融入建设社会主义现代化强国、实现中华民族伟大复兴的奋斗之中。同时，弘扬中华优秀传统文化，深入开展宪法法治教育。

2. 注重科学思维方法训练和科学伦理教育，培养学生探索未知、追求真理、勇攀科学高峰的责任感和使命感；强化学生工程伦理教育，培养学生精益求精的大国工匠精神，激发学生科技报国的家国情怀和使命担当。加快构建中国特色哲学社会科学学科体系、学术体系、话语体系。帮助学生了解相关专业和行业领域的国家战略、法律法规和相关政策，引导学生深入社会实践、关注现实问题，培育学生经世济民、诚信服务、德法兼修的职业素养。

3. 教育引导学生深刻理解并自觉实践各行业的职业精神、职业规范，增强职业责任感，培养遵纪守法、爱岗敬业、无私奉献、诚实守信、公道办事、开拓创新的职业品格和行为习惯。

在此基础上，及时更新教材知识内容，体现产业发展的新技术、新工艺、新规范、新标准。加强教材数字化建设，丰富配套资源，形成可听、可视、可练、可互动的融媒体教材。

教材建设需要各方的共同努力，也欢迎相关教材使用院校的师生及时反馈意见和建议，我们将认真组织力量进行研究，在后续重印及再版时吸纳改进，不断推动高质量教材出版。

机械工业出版社

高等职业教育机电类工学结合
教学改革成果系列教材
编委会名单

前　言

高等职业教育的任务是面向生产、建设、管理和服务第一线培养高素质高级技能型人才。为了提升学生的AutoCAD应用能力，编者结合职业岗位要求和校企合作“双元”育人经验编写了本书。本书采用现行的《技术制图》《机械制图》国家标准，适用性较强，可作为高职高专院校、中职学校机电类各专业的计算机绘图教材，也可作为AutoCAD职业技能培训教材或参考书。

本书以AutoCAD 2010中文版为基础，分6个教学单元（AutoCAD 2010的基本操作、绘制平面图形、文字与尺寸标注、图块、绘制工程图、图形打印与输出），介绍了AutoCAD的使用方法和技巧。本书附录介绍了AutoCAD常用功能键与快捷键、常用命令、绘图常见问题及解决方法、认证考试训练题等内容。本书在编写过程中较好地体现了CDIO工程教育模式的理念。通过CDIO模式在AutoCAD课程中的创新与实践，实施以项目导向方式组织课堂教学的方法，按照工程制图的思路，结合学习者的认知规律，将常用绘图功能介绍、绘图方法与技巧分解到各项目（单元）教学中。在内容编写上尽量做到通俗易懂、内容充实、图例丰富；以实际应用为目的，突出培养学习者的应用能力和解决实际问题的能力，力图使学习者在“做中学”的同时，尽快地提高AutoCAD绘图技能。

为了贯彻党的二十大精神，加强教材建设，推进教育数字化，本书在重印过程中，系统梳理了知识要点和技能强化内容，增加了对学生的职业素质要求和职业技能训练案例，并配套了相应的二维码视频资源，方便读者扫码观看。

本书由广西机电职业技术学院朱向丽任主编，扬州高等职业技术学校刘玲和广西机电职业技术学院林胜担任副主编，广西机电职业技术学院梁必强、陆颖荣参加编写。广西机电职业技术学院张丽丽、陈剑玲、李玺负责本书教学视频的录制。全书由广西机电职业技术学院黄政艳主审。柳州五菱汽车工业有限公司汪云岳、南宁五菱桂花车辆有限责任公司黄善昌、广西机电职业技术学院李旭和梁冬青两位老师对本书的编写提出了宝贵意见，在此表示诚挚的感谢！

教学改革是职业教育永恒的主题，在教学过程中需要我们不断地积累经验和开拓创新。限于编者的水平和经验，本书难免有疏漏和不足之处，敬请广大读者批评指正。

编　者

二维码索引

页码	名称	二维码	页码	名称	二维码
1	1.1　AutoCAD 界面和基本操作		22	图 2-15　圆和弧	
4	1.2　设置绘图环境		22	图 2-16　弧和等分圆周	
12	图 1-21　A4 图幅、图框和标题栏		27	图 2-18　调节板的平面图形	
15	绘图武林外传之第一回		34	手柄平面图形	
16	图 2-1　正六棱柱的三视图		35	垫板平面图形	
22	图 2-14　旋转图形		39	绘图武林外传之第二回	

（续）

页码	名称	二维码	页码	名称	二维码
65	绘图武林外传之第三回		76	图 5-1　圆柱直齿轮零件图（2）	
75	5.1　创建 AutoCAD 样板图		91	6.1　在模型空间打印 A4 图样	
76	图 5-1　圆柱直齿轮零件图（1）				

目　　录

第 1 单元　AutoCAD 2010 的基本操作

AutoCAD 由美国 Autodesk 公司开发，它是目前工程设计领域应用最为广泛的计算机辅助绘图与设计软件之一。软件的使用解决了传统手工绘图效率低，绘图准确度差及劳动强度大的缺点。作为工程技术人员，应该熟练掌握 AutoCAD 绘图技能。通过本单元的训练，力求使读者熟悉 AutoCAD 2010 软件的常见基本操作。

知识目标

1）熟悉 AutoCAD 软件界面和基本操作。

2）掌握管理图形文件的方法。

能力目标

1）能够正确设置绘图环境。

2）能够正确绘制符合制图国家标准的 A4 图框和标题栏。

素质目标

1）具备民族自豪感和社会责任感。

2）培养规范的操作、认真细致的学习态度。

3）培养勤于学习、善于思考的良好习惯。

任务 1.1　熟悉软件界面，切换工作空间，调用工具栏

1.1.1　任务要求

启动 AutoCAD 2010 软件，熟悉软件界面及基本操作方法。

1.1　AutoCAD 界面和基本操作

1.1.2　实施步骤

1. 启动 AutoCAD 2010 软件

双击桌面的 AutoCAD 2010 图标，或单击“开始”菜单→程序→Autodesk→AutoCAD 2010 - Simplified Chinese→AutoCAD 2010，即可启动 AutoCAD 2010。

2. 切换 AutoCAD 2010 工作空间

中文版 AutoCAD 2010 提供了“二维草图与注释”、“三维建模”和“AutoCAD 经典”3 种工作空间。默认状态下为“二维草图与注释”工作空间，其空间界面主要由“菜单浏览器”按钮、功能区选项板、快速访问工具栏、文本窗口与命令行、状态栏、绘图区域等组成，如图 1-1 所示。

单击软件界面下方状态栏中的二维草图与注释按钮（图 1-1），在弹出的菜单中选择

“AutoCAD 经典”，将“二维草图与注释”工作空间切换至 Auto CAD 的传统界面，如图 1-2 所示。

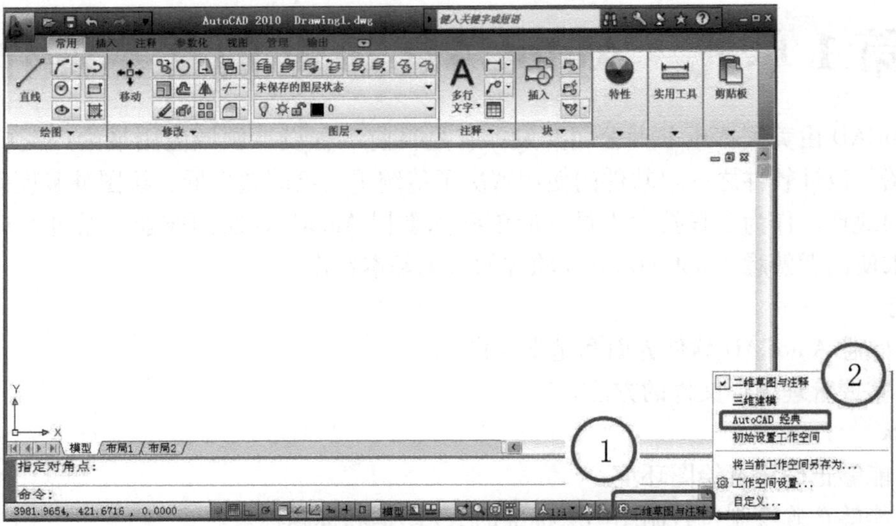

图 1-1 “二维草图与注释”工作空间界面

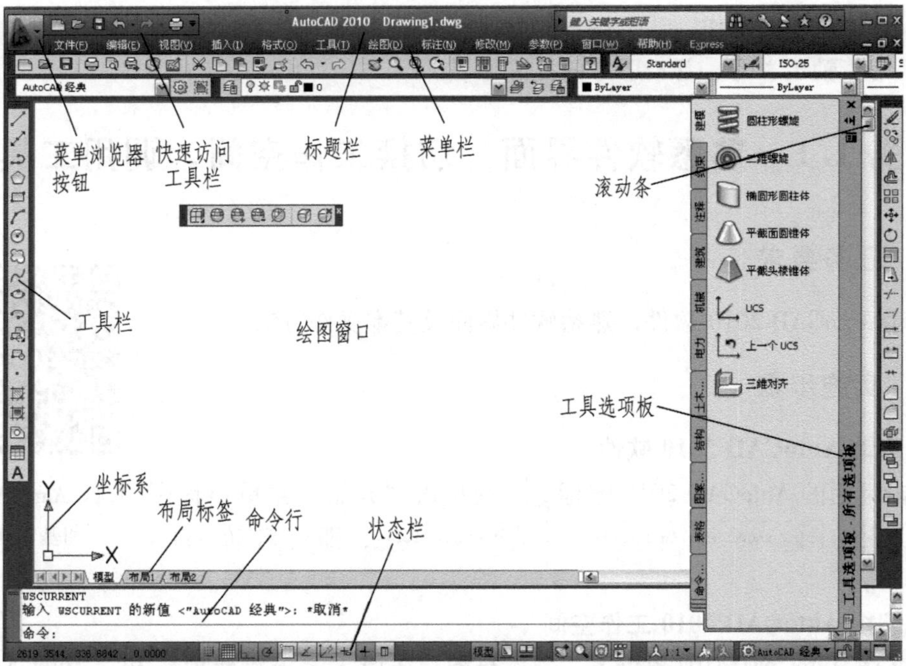

图 1-2 “AutoCAD 经典”工作空间界面

3. 调出和关闭工具栏

用鼠标右键单击界面中已有的任意工具栏图标，即可在弹出的快捷菜单中选择“打开”或“关闭”工具栏。按此方法，练习调出“标注”、“对象捕捉”等工具栏，再练习关闭工具栏。

4. 命令的调用、终止、重复操作

在 AutoCAD 中，调用命令有以下 3 种方式。

1）选择菜单栏或快捷菜单中的选项。

2）单击工具栏中对应的图标。

3）利用键盘输入英文命令。

若想终止命令，可以单击键盘左上角的 < Esc > 键，也可以单击鼠标右键，在弹出的快捷菜单中选择“取消”选项；或者在菜单栏或工具栏中调用另一命令，当前操作则终止。

需要重复调用命令时，可以按 < 回车 > 键或 < 空格 > 键重复上一次结束的命令。也可以在绘图区单击鼠标右键，在弹出的快捷菜单中的“最近的输入”或“近期使用的命令”子菜单中选择需要的命令。

5. 文件的新建、保存和关闭

（1）开始一张新图的步骤　选择菜单栏“文件→新建”命令，系统弹出“选择样板”对话框，选择系统默认的 acadiso. dwt［公制样板文件（420 × 297）］，如图 1-3 所示。单击“打开”按钮，系统进入绘图界面。在未进行保存操作前，系统默认的图形文件名为 Drawing1. dwg。

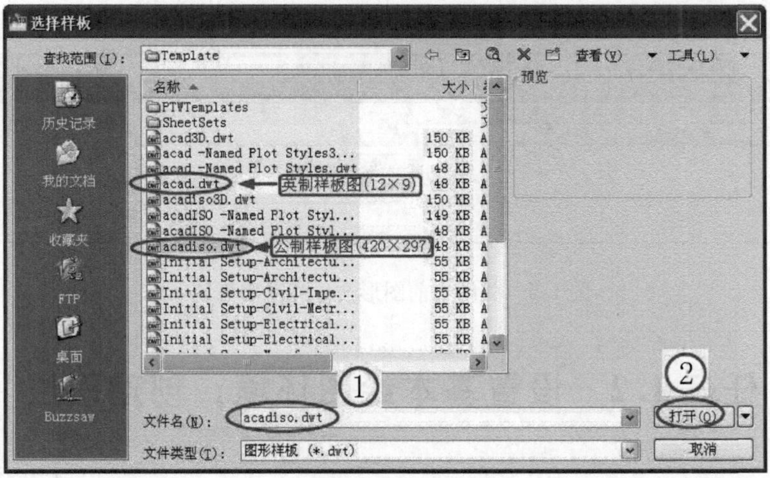

图 1-3 “选择样板”对话框

（2）保存一张图的步骤　选择菜单栏“文件→保存”命令，如当前文件从未命名过，则系统会打开“图形另存为”对话框，如图 1-4 所示；只要指定当前文件的保存路径和文件名，再单击“保存”按钮即可保存当前文件。如当前文件已命名，则系统执行保存命令后将自动存盘。也可执行快捷命令，即单击 < CTRL + S > 键完成存盘的操作。

绘图过程中，应每隔几分钟就单击界面上方工具栏中的图标保存文件，以免发生意外（如突然断电或死机）而丢失文件信息。对初学者来说，养成定时存盘的良好操作

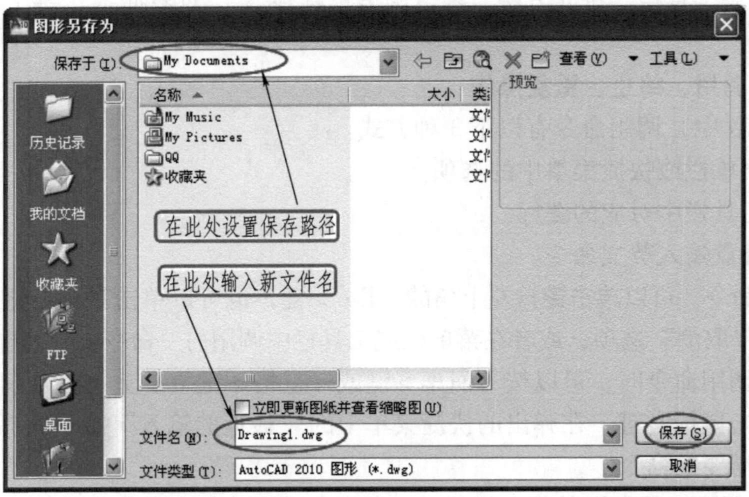

图 1-4 “图形另存为”对话框

习惯是很必要的。

（3）关闭文件和退出系统　在菜单栏右侧单击按钮，如图 1-5 所示，即可关闭当前图形文件，但不退出 AutoCAD 系统。若在标题栏右上角处单击按钮，即可关闭所有图形文件并退出系统。

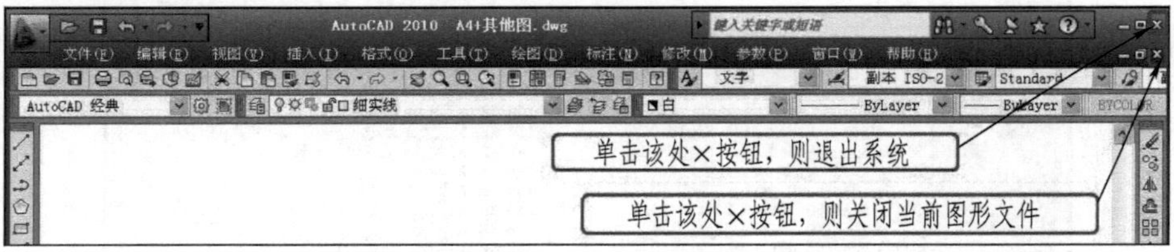

图 1-5 关闭当前图形文件和退出系统

任务 1.2 设置基本绘图环境，创建图层

1.2.1 任务要求

设置 AutoCAD 2010 基本绘图环境，并按作图需要设置图层。

1.2.2 实施步骤

1.2 设置绘图环境

1. 设置绘图单位

选择菜单栏“格式→单位”命令，系统将弹出“图形单位”对话框。根据作图需要设置图形长度和角度方向的绘图精度，如 0.00（图 1-6a），再单击“确定”按钮，设置生效。

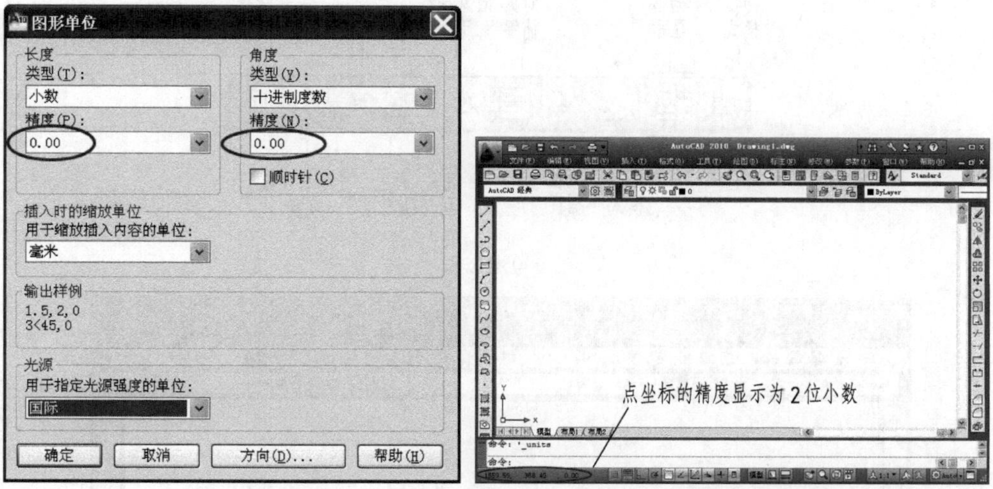

a) “图形单位”对话框　　　b) 点坐标的精度显示

图 1-6　设置绘图单位

此时，软件界面左下角光标定位点的坐标由原来显示的4位小数变为2位小数（图1-6b）。

说明：对于机械类专业，图样长度单位的精度通常选择“0.00”，即小数点后保留2位小数；而对于其他工程类（如建筑、家具类）图样，一般选择“0”，只精确到整数位即可。

2. 设置图形界限

现以设置A4图幅（210mm×297mm）为例进行讲述。选择菜单栏“格式→图形界限(I)”命令，按命令行的提示，用键盘输入左下角点的坐标（0，0）后，按 < 回车 > 键确认。接着输入右上角点的坐标（210，297）后，再按 < 回车 > 键确认。

执行上述操作后，在命令行会出现如下提示信息。

```
命令：'_ limits
重新设置模型空间界限：
指定左下角点或［开（ON）/关（OFF）］<0.0000, 0.0000>：0, 0↙
指定右上角点 <420.0000, 297.0000>：210, 297↙
```

图形界限设置好后，可以随时更改界限值。在以后的绘图操作中，应该采用1:1的作图比例绘制图形，这样可以减少繁琐的比例换算。绘图完毕，再设置一定的比例值，将图形输出到纸张介质中。

3. 图形界限的范围和位置

单击软件界面下方状态栏（图1-7a）的“栅格显示”按钮▦，即可查看图形界限的范围与位置。绘图区域左下角小黑点的范围就是当前的图形界限（图1-7b）。

4. 缩放显示A4全部图形

选择菜单栏“视图→缩放→全部”命令，即可缩放显示全部图形。也可以在命令行输入ZOOM命令（或Z）后单击 < 回车 > 键，再输入A后单击 < 回车 > 键，则A4图形界限立即最大化显示在绘图区域正中央。

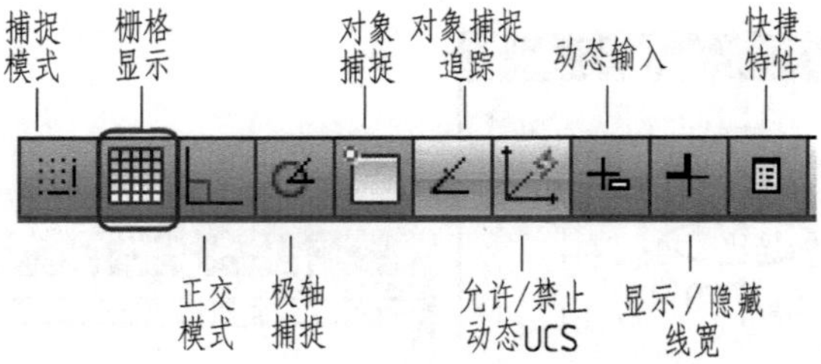

a) 状态栏

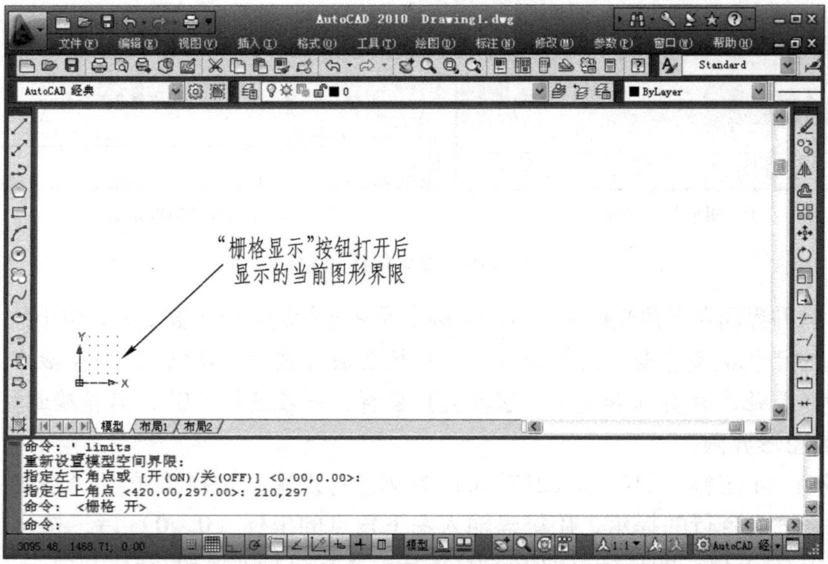

b) 图形界限

图 1-7 “栅格显示”功能

执行上述操作后，在命令行会出现如下提示信息。

命令：z↙
指定窗口的角点，输入比例因子（nX 或 nXP），或者
[全部（A）/中心（C）/动态（D）/范围（E）/上一个（P）/比例（S）/窗口（W）/对象（O）]<实时>：a↙

5. 创建图层

在工程图样中，图形主要由中心线、粗实线、虚线、剖面线、尺寸标注以及文字说明等元素组成，这些元素对象统称为图形对象。为了便于编辑和管理这些图形对象，常常把这些对象置于不同的图层上。一个图层相当于一张透明的图纸，每张图纸上分别绘制具有不同特点的图形，然后将这些图样对齐叠加起来，从而得到一张复杂而完整的图样。

根据 AutoCAD 作图需要，现将常用的基本线型，如粗实线、虚线、细实线、细点画线、粗点画线和双点画线等创建在不同的图层中。每个图层设置不同的颜色和线型，图层名可用汉字或字母等命名。作图时可根据实际情况按需要设置图层数量。具体创建内

容见表 1-1。

表 1-1　图层、颜色、线型及线宽设置表（仅供参考）

图层类型（图层名称）	颜　色	线　型	线　宽/mm
0 层（默认层）	白色（White）	连续线（Continuous）	默认
粗实线	绿色（Green）	连续线（Continuous）	0.5
细实线	白色（White）	连续线（Continuous）	0.25
波浪线			
双折线			
文本			
尺寸线			
剖面线			
虚线	黄色（Yellow）	虚线（Dashed2）	0.25
细点画线	红色（Red）	点画线（Center2）	0.25
粗点画线	蓝色		0.5
双点画线	品红色	双点画线（Divide2）	0.25

现创建 8 个图层：粗实线、细点画线、虚线、尺寸线、文本、细实线（波浪线）、剖面线和视口，具体操作步骤如下。

（1）创建“粗实线”图层　选择菜单栏“格式→图层”命令，系统弹出“图层特性管理器”对话框，如图 1-8 所示。单击①处的“新建图层”按钮，对话框中会出现一个新图层，光标闪动提示需要输入图层名。打开中文输入法，在输入框中输入“粗实线”图层名，如图 1-8 的②处所示；单击③处的颜色按钮，系统弹出“选择颜色”对话框，

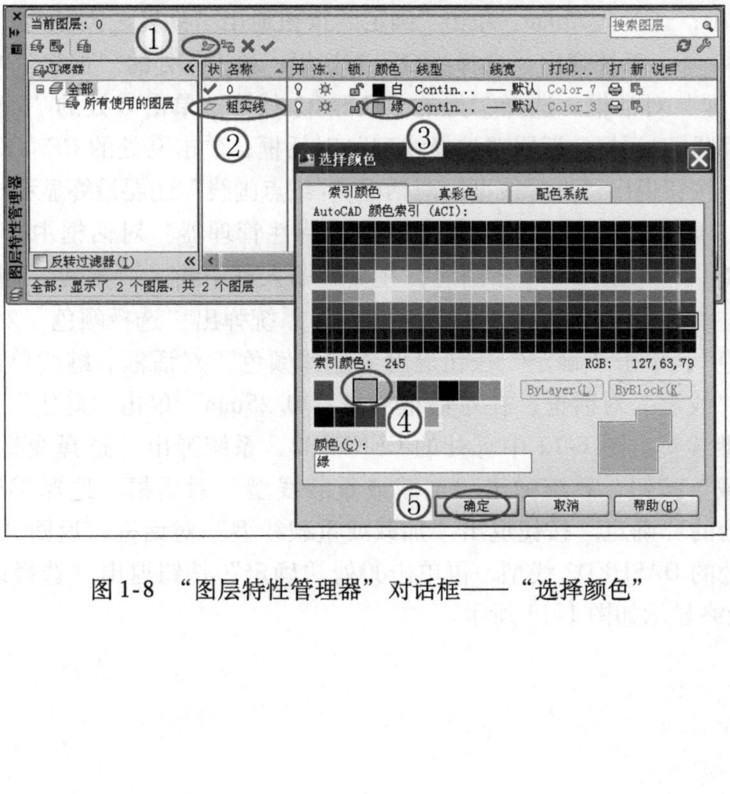

图 1-8　“图层特性管理器”对话框——“选择颜色”

选择标准颜色为“绿色”，如图1-8的④处所示；单击⑤处的“确定”按钮退出“选择颜色”对话框。

继续单击图1-9中①处，系统弹出“线宽”对话框。在“线宽”对话框中选择②处的0.50mm，再单击③处的“确定”按钮退出“线宽”对话框。

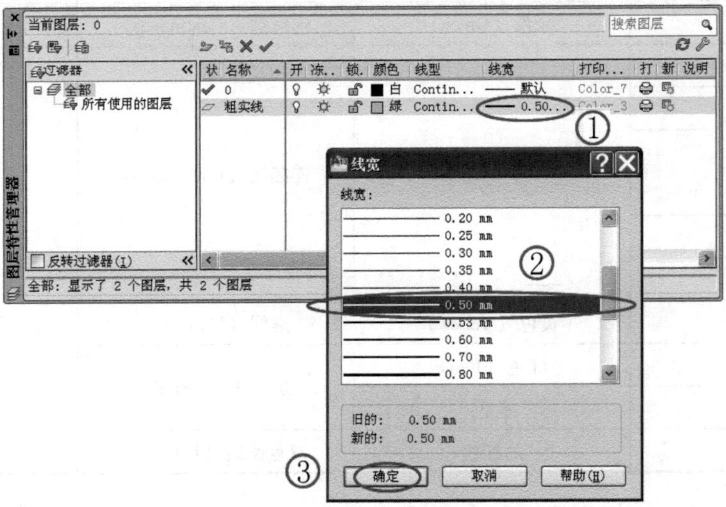

图1-9 “图层特性管理器”对话框——选择“线宽”

（2）创建“细点画线”图层　继续单击图1-10中①处的“新建图层”按钮，对话框中出现一个新图层，在文本输入框中输入“细点画线”图层名，如图1-10的②处所示；单击③处的“颜色”按钮，在弹出的“选择颜色”对话框中，选择标准颜色为“红色”，单击“确定”按钮退出“选择颜色”对话框。继续单击图1-10中④处，在弹出的“线宽”对话框中，选择0.25mm，单击“确定”按钮退出“线宽”对话框。继续单击图1-10中⑤处的 Contin... ，系统弹出“选择线型”对话框；单击⑥处的“加载”按钮，系统弹出“加载或重载线型”对话框，选择⑦处的CENTER2线型；单击⑧处的“确定”按钮退出“加载或重载线型”对话框，返回“选择线型”对话框；单击⑨处的CENTER2线型，再单击⑩处“确定”按钮退出“选择线型”对话框。“细点画线”图层最终显示如图1-11所示。

（3）创建“虚线”图层　继续单击“图层特性管理器”对话框中①处的“新建图层”按钮，对话框中出现一个新图层，在文本输入框中输入“虚线”图层名，如图1-12的②处所示。单击图1-12中③处的颜色按钮，系统弹出“选择颜色”对话框，选择标准颜色为“黄色”，单击“确定”按钮退出“选择颜色”对话框。继续单击图1-12中④处，系统弹出“线宽”对话框，在对话框中选择0.25mm，单击“确定”按钮退出“线宽”对话框。继续单击图1-12中⑤处的CENTER2，系统弹出“选择线型”对话框，单击⑥处的“加载”按钮，系统弹出“加载或重载线型”对话框，选择⑦处的DASHED2线型，单击⑧处的“确定”按钮退出“加载或重载线型”对话框，返回“选择线型”对话框；单击⑨处的DASHED2线型，再单击⑩处“确定”按钮退出“选择线型”对话框。“虚线”图层最终显示如图1-13所示。

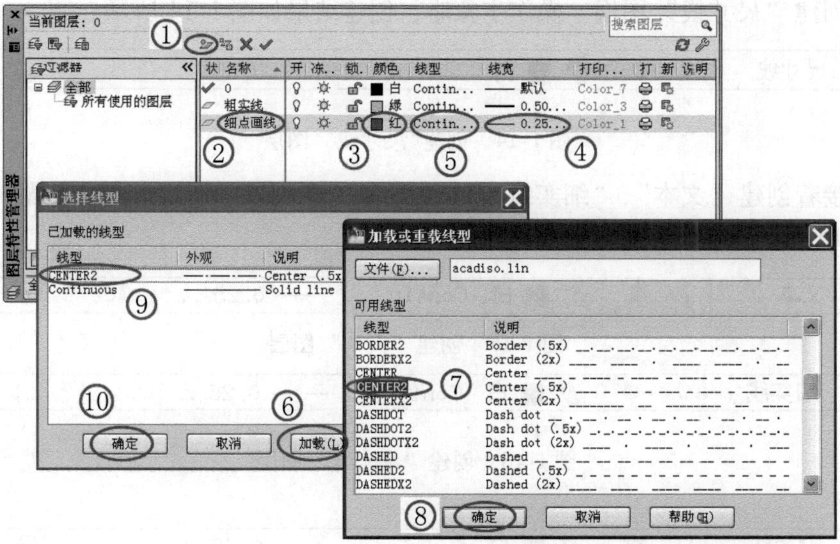

图 1-10 “图层特性管理器”对话框——“选择线型”

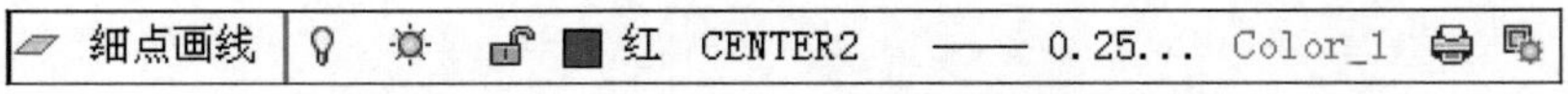

图 1-11 “细点画线”图层

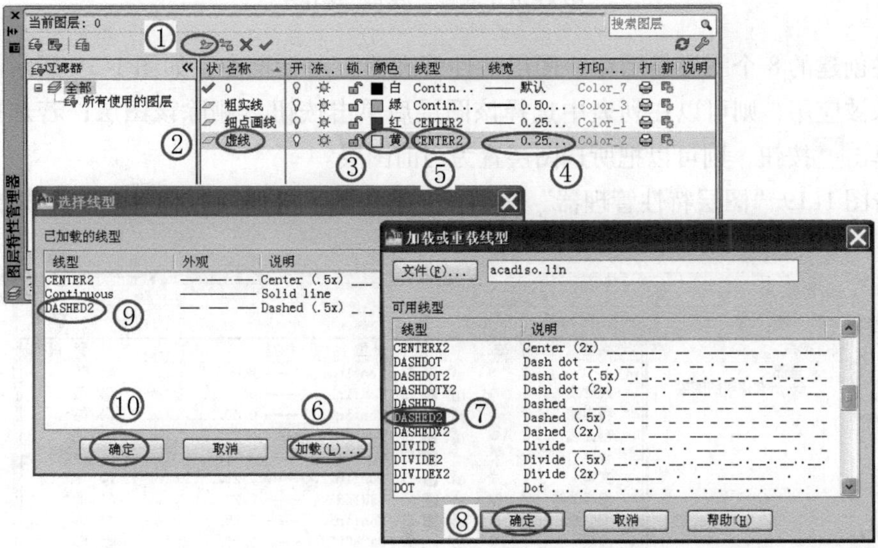

图 1-12 “图层特性管理器”对话框——“选择线型”

图 1-13 “虚线”图层

(4) 创建“尺寸线”图层　操作步骤略，创建结果如图 1-14 所示。

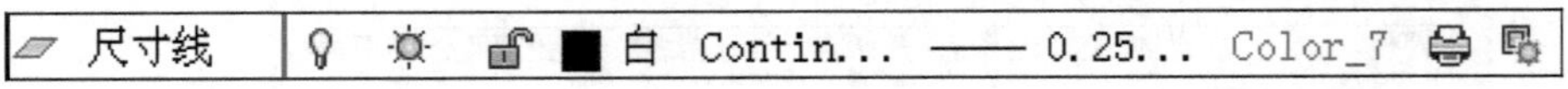

图 1-14　创建“尺寸线”图层

(5) 接着创建“文本”、“细实线”、“剖面线”、“视口”图层　操作步骤略，创建结果如图 1-15 至图 1-18 所示。

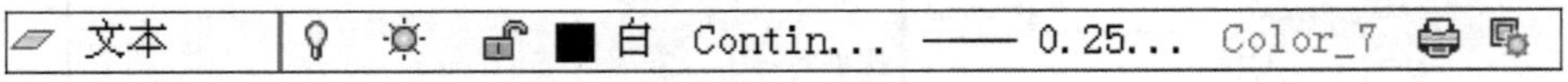

图 1-15　创建“文本”图层

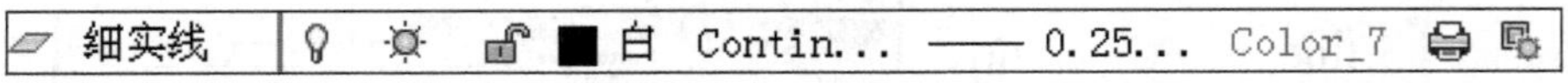

图 1-16　创建“细实线”图层

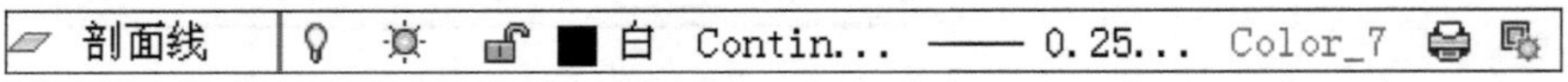

图 1-17　创建“剖面线”图层

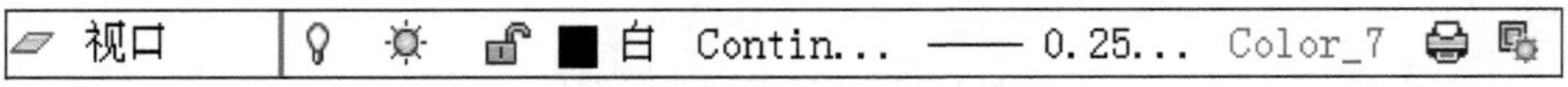

图 1-18　创建“视口”图层

最终创建的 8 个图层显示在“图层特性管理器”对话框中，如图 1-19 所示。新建的图层若未被应用，则可以在列表中选择该图层后单击按钮删除该图层；若选择某一图层后，单击按钮，则可以把所选图层置为当前图层。

单击图 1-19“图层特性管理器”对话框左上角的“关闭”按钮，退出图层设置。

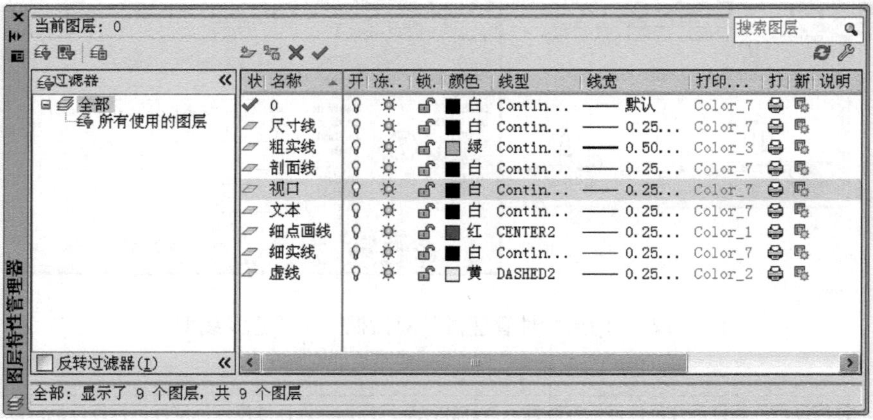

图 1-19　“图层特性管理器”对话框

6. 图层的基本操作

（1）调用图层　在未选中图形上任一对象的前提下，单击“图层”工具栏“图层”下拉列表中相应的图层，则可将该图层置为当前图层。

（2）修改图形对象的图层　选择图形上的某一对象，单击“图层”工具栏“图层”下拉列表中的对应图层，则可将该对象的图层置换为所选图层。

（3）通过修改对象特性来改变图层特性　选取图形对象后，单击鼠标右键，在弹出的快捷菜单中选择“特性”命令或“快捷特性”命令，在弹出的对话框相应选项中可以改变图形对象的线型、颜色、图层、线宽等特性，修改完后关闭对话框，并按 <ESC> 键退出图形对象的选取。

7. 修改线型比例

在 AutoCAD 中，如果所设置的虚线、细点画线等线型因图幅大小的差异而显示为连续线时，则需要设置合适的图形线型比例，使其重新显示为非连续线型。

设置线型比例的方法有以下两种。

（1）从菜单调用命令　选择菜单栏“格式→线型”命令后，系统弹出如图 1-20 所示的“线型管理器”对话框。单击图 1-20 中的①处“显示细节”按钮，显示线型详细信息；在②处的“全局比例因子”和“当前对象缩放比例”中设置适当的比例。注意，当前对象缩放比例只影响当前对象的非连续线型外观，对原来绘制的非连续线型的外观并不影响。

图线显示的线型比例是全局比例因子与该对象的缩放比例因子的乘积。

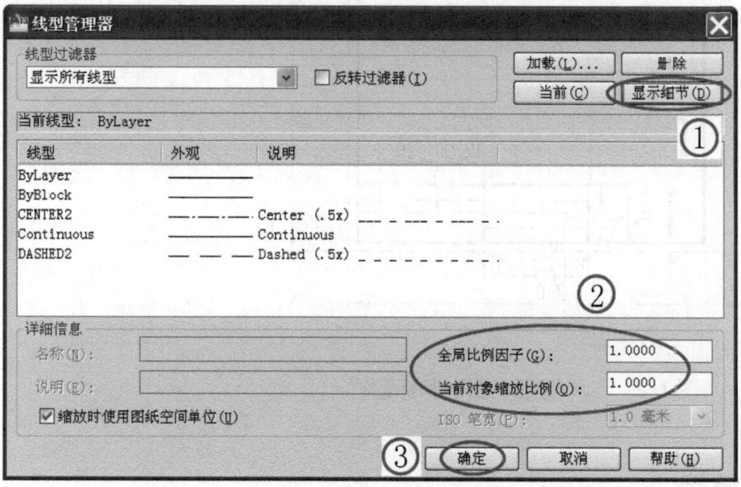

图 1-20　“线型管理器”对话框

（2）在命令行直接输入英文命令　在命令行键入 LTSCALE（设置全局线型比例命令）或键入 CELTSCALE（设置当前对象的线型比例命令）后 <回车>，即可设置新的线型比例。

8. 保存文件

将图层文件存盘，文件命名为“图层. dwg”。

任务 1.3　绘制 A4 图框和标题栏

1.3.1　任务要求

绘制如图 1-21 所示的 A4 图幅、图框和标题栏，掌握点坐标的输入方法，掌握绘制矩形命令和分解、偏移、修剪、删除等修改命令的操作方法。

图 1-21　A4 图幅、图框和标题栏

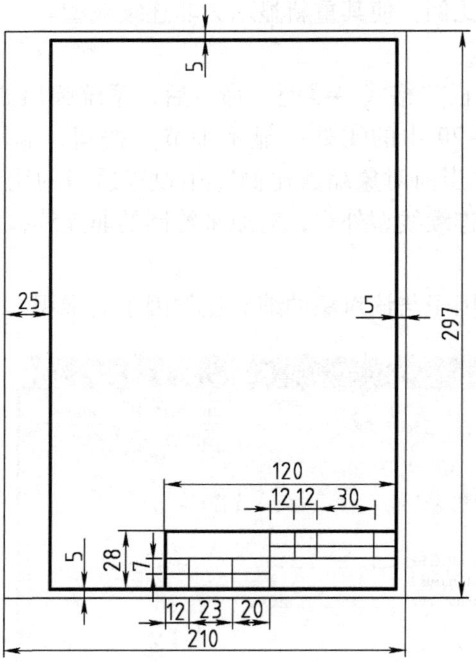

图 1-21　A4 图幅、图框和标题栏

1.3.2　知识链接

点坐标的输入方法

在 AutoCAD 中，点的坐标常用直角坐标和极坐标表示；其中直角坐标分为绝对直角坐标和相对直角坐标两种，极坐标分为绝对极坐标和相对极坐标两种。

1. 绝对直角坐标

当前绘图点相对于坐标原点（0，0）或（0，0，0）的坐标位移，如“X，Y，Z”。

2. 相对直角坐标

当前绘图点相对上一绘图点的坐标位移，如“ΔX，ΔY，ΔZ”。输入时需要在坐标值前面加上符号@，即“@X，Y，Z”。

3. 绝对极坐标

用距离和角度确定当前点相对坐标原点的位移。输入时以小于号分隔距离和角度，即“长度<角度”。极坐标只能输入二维点的坐标。默认的角度以 X 轴的正方向为 0°方向。角度按逆时针方向增大，即逆时针方向为正方向，顺时针方向为负方向，例如，输入 8<30 和 8<-330 是一样的。

4. 相对极坐标

用距离和角度确定当前点相对前一点的位移。输入时需要在极坐标前面加上符号@，即“@长度<角度”，如“@20<60”。

除了通过键盘精确输入点坐标以外，还可以通过在适当位置单击鼠标左键来获得当前光标位置的坐标，这也是绘图过程中常用来确定第一点坐标位置的方法。

另外，如果打开状态栏的“动态输入”按钮（图 1-7），系统将使用相对坐标方式输入，此时可不用输入符号@。

1.3.3 实施步骤

（1）启动 AutoCAD 2010。

（2）设置绘图单位为 0.00，设置图形界限为 210mm×297mm，并全部显示图形界限，步骤略。

（3）创建 8 个图层（分别为粗实线、细实线、细点画线、虚线、尺寸线、文本、剖面线和视口图层），步骤略。

（4）调用“细实线”图层，用“矩形”命令绘制 A4 图幅的边界。选择菜单栏“绘图→矩形”命令或单击“绘图”工具栏中的“矩形”命令按钮，按命令行的提示输入 A4 图幅左下角点坐标（0，0）后，按<回车>键确认。接着输入右上角点的坐标（210，297）后，按<回车>键确认。绘制出的图形如图 1-22 所示。

执行上述操作后，在命令行会出现如下提示信息。

```
命令：rectang
指定第一个角点或［倒角（C）/标高（E）/圆角（F）/厚度（T）/宽度（W）］：0，0↙
指定另一个角点或［面积（A）/尺寸（D）/旋转（R）］：@210，297↙
```

（5）调用“粗实线”图层，用“矩形”命令绘制 A4 图幅的图框（留装订边）。选择“矩形”命令，按<回车>键确认。按命令行的提示输入左下角点的坐标（25，5）后，按<回车>键确认。接着输入右上角点的坐标（@180，287）（注意，此时状态栏处的“动态输入”按钮处于打开状态，系统将按相对坐标绘图，可直接输入相对坐标值（180，287），再按<回车>键确认。绘制出的图框及装订边如图 1-23 所示。

图 1-22　绘制 A4 图幅的边界

图 1-23　绘制 A4 图框及装订边

执行上述操作后，在命令行会出现如下提示信息。

> 命令：rectang
> 指定第一个角点或［倒角（C）/标高（E）/圆角（F）/厚度（T）/宽度（W）]：25，5↙
> 指定另一个角点或［面积（A）/尺寸（D）/旋转（R）]：@180，287↙

（6）调用“粗实线”图层，用“矩形”命令绘制 A4 标题栏外框。标题栏的尺寸如图 1-24a 所示。对象捕捉 A4 图框的右下角点作为第一角点，第二角点输入相对坐标值（@ -120，28），得到的标题栏外框如图 1-24b 所示。

（7）用“分解”命令将标题栏外框分解为单条直线。选择菜单栏“修改→分解”命令，将标题栏外框图线分解为 4 条单一的直线。

（8）用“偏移”命令绘制标题栏内的图线。选择菜单栏“修改→偏移”命令，将外框最上方的水平线向下连续偏移 7mm 的距离，偏移结果如图 1-24c 所示；将外框最左方的竖直线向右偏移 12mm 的距离，得到的新图线再偏移 23mm，再次得到的新图线接着偏移 20mm……按图 1-24a 的尺寸完成所有偏移操作，偏移竖直线后得到的图形如图 1-24d 所示。

（9）修剪、删除多余图线。选择菜单栏“修改→修剪”命令，直接按 <回车> 键默认选择全部图线作为修剪边界，再如图 1-24e 所示，由 A 向 B、由 C 向 D 框选图线，完成图线的修剪。最后调用“删除”命令删除修剪操作后留下的多余图线。

（10）将标题栏内部图线的图层修改为细实线图层。选择标题栏内的图线，再单击“图层”工具栏中图层下拉列表的细实线图层，将所选图线由“粗实线”图层修改为“细实线”图层，最后按 <ESC> 键取消图线的选取。完成的标题栏如图 1-24f 所示。

（11）保存图形文件，文件命名为“A4 图框. dwg”，如图 1-25 所示。

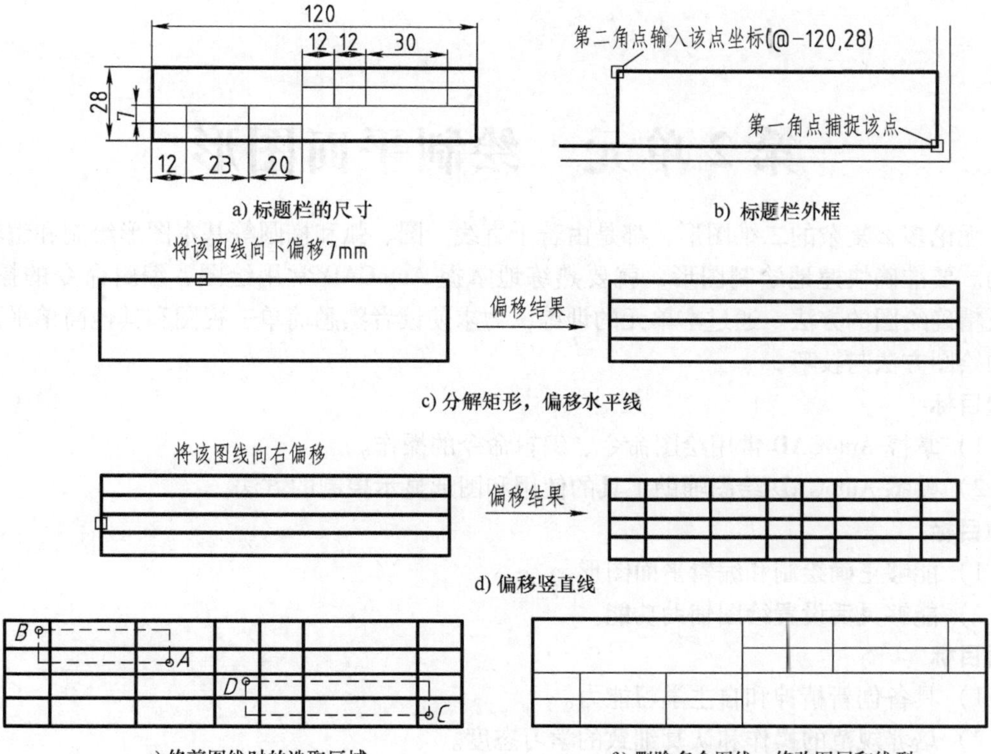

a) 标题栏的尺寸　b) 标题栏外框

c) 分解矩形，偏移水平线

d) 偏移竖直线

e) 修剪图线时的选取区域　f) 删除多余图线，修改图层和线型

图 1-24　绘制标题栏

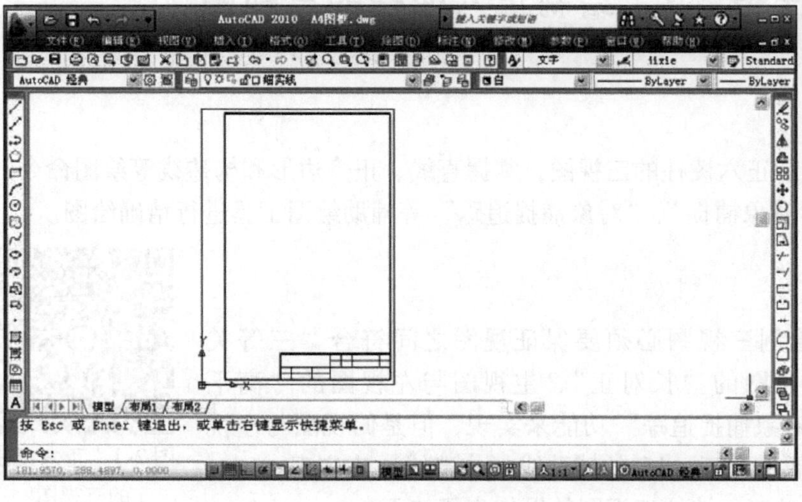

图 1-25　“A4 图框. dwg”图形文件

绘图武林外传
之第一回

第2单元　绘制平面图形

无论多么复杂的二维图形，都是由若干直线、圆、弧和椭圆等基本图形绘制和编辑而成的。要准确快速地绘制图形，就要熟练地掌握AutoCAD常用绘图、编辑命令的操作，以及精确绘图的方法。通过本单元的训练，力求使读者熟悉简单三视图和其他简单平面图形的绘图方法与技巧。

知识目标

1）掌握AutoCAD常用绘图命令、编辑命令的操作。

2）熟悉AutoCAD绘图辅助工具的使用和图形显示控制的方法。

能力目标

1）能够正确绘制和编辑平面图形。

2）能够灵活设置绘图辅助功能。

素质目标

1）具备创新精神和自主学习能力。

2）培养规范的操作和认真细致的学习态度。

3）培养勤于思考、善于总结的良好习惯。

任务2.1　绘制正六棱柱的三视图

2.1.1　任务要求

绘制如图2-1所示正六棱柱的三视图，掌握直线、正多边形和构造线等绘图命令的操作方法，熟练使用“对象捕捉”、“对象捕捉追踪”等辅助绘图工具进行精确绘图。

2.1.2　实施步骤

在AutoCAD中绘制三视图必须要保证视图之间符合“三等关系”，即主视图与俯视图的“长对正”、主视图与左视图的“高平齐”，可以借助于“对象捕捉追踪”功能来实现，但是俯视图与左视图的“宽相等”，则要借助于－45°的辅助线（构造线）来实现。

图2-1　正六棱柱的三视图

绘制图2-1所示的正六棱柱三视图的操作步骤如下。

1. 绘制A4图幅和图框（若打开A4图框.dwg文件，应换名存盘再作图，此步骤可略）

（1）设置绘图精度，设置图幅界限为210mm×297mm（步骤略）。

（2）创建8个图层：粗实线、细点画线、虚线、尺寸线、文本、细实线（波浪线）、剖面线和视口（步骤略）。

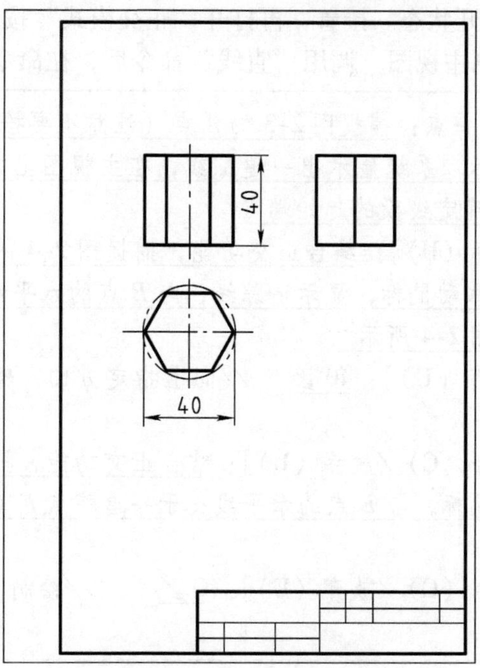

图 2-1　正六棱柱的三视图

（3）调用“矩形”命令画 A4 图幅的图框和标题栏（步骤略）。

2. 画正六棱柱的俯视图

分析俯视图可知，正六棱柱的六边形为圆的内接正六边形。“正多边形”命令可以创建等边闭合多段线，如正六边形。

画俯视图时，将“细点画线”图层置为当前层，用“直线”命令绘制俯视图的水平、竖直对称中心线。

接着将“粗实线”图层置为当前层，选择菜单栏“绘图→正多边形”命令，或者选择“修改”工具栏中的“正多边形”按钮后，在命令行会出现如下提示信息。

```
命令：_ polygon 输入边的数目 <4>：6↙
指定正多边形的中心点或［边（E）］：捕捉水平、竖直对称中心线的交点
输入选项［内接于圆（I）/外切于圆（C）］<I>：I↙          //选择内接于圆选项
指定圆的半径：20↙
```

绘制俯视图的结果如图 2-2 所示。

3. 画正六棱柱的主视图

“对象捕捉追踪”是沿着基于对象捕捉点的辅助线方向追踪，以捕捉到辅助线上的某个位置点。“对象捕捉追踪”功能必须配合“对象捕捉”功能或“极轴追踪”功能一起使用。画六棱柱主视图前，要先确认状态栏处的“对象捕捉追踪”按钮、

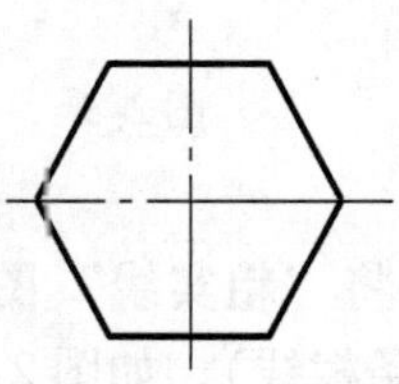

图 2-2　绘制俯视图

"对象捕捉"按钮为打开状态。接着，再打开"正交模式"按钮。

用"直线"命令绘制主视图。调用"直线"命令后，在命令行会出现如下提示信息。

命令：_ line 指定第一点：捕捉图2-3的A点（注意不要拾取该点），光标在A点停留片刻后，向上移动鼠标，系统显示出一追踪线，在主视图上方适当位置处（如图2-3的B点）单击鼠标左键确定线段的起始端点

指定下一点或［放弃（U）］：结合正交功能，捕捉图2-4的C点，该点显示一个黄色的"+"号，向上方移动鼠标，显示追踪线，与B点的水平线交于一追踪点D，单击鼠标左键确认该点，如图2-4所示

指定下一点或［放弃（U）］：40↙　//向上指定方向，输入距离40，画出EF线（图2-5）

指定下一点或［闭合（C）/放弃（U）］：结合正交功能，把光标移到图2-5的G点稍作停留，向上方移动鼠标，与E点的水平线交于一追踪点F（图2-5），单击鼠标左键确认该点

指定下一点或［闭合（C）/放弃（U）］：C↙　//绘制闭合线段（图2-6的主视图）

将"细点画线"图层置为当前层，用"直线"命令绘制主视图的对称中心线。调用"直线"命令后，在命令行会出现如下提示信息。

命令：_ line 指定第一点：对象捕捉追踪图2-6的A点，移动鼠标显示出追踪线后，在合适位置处（图2-6的B点）单击鼠标左键确认端点

指定下一点或［放弃（U）］：在图2-7的C点处单击鼠标左键，从而绘出对称中心线

指定下一点或［放弃（U）］：↙

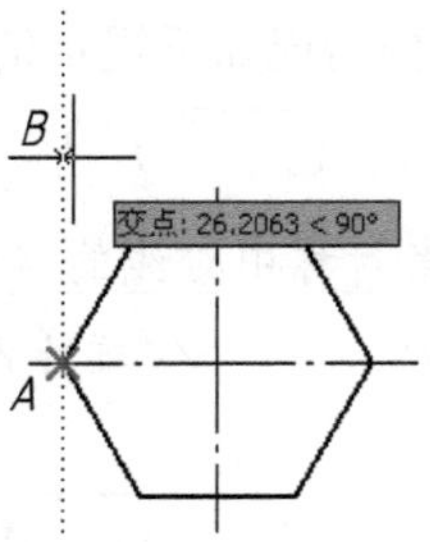

图2-3　"对象追踪"

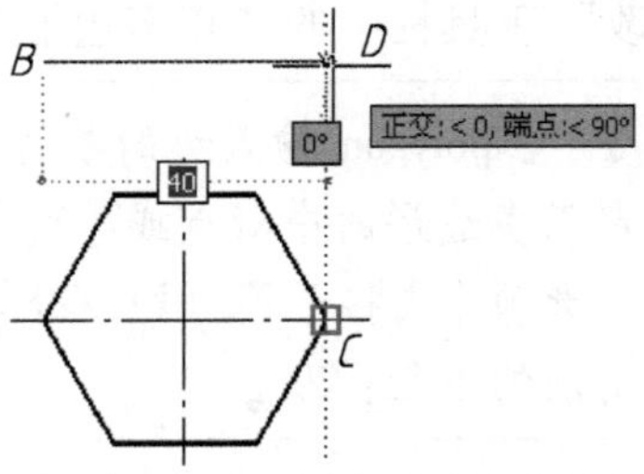

图2-4　正交结合对象捕捉追踪

将"粗实线"图层置为当前层，用"直线"命令绘制主视图中的其他可见轮廓线（两条棱线），如图2-8所示。

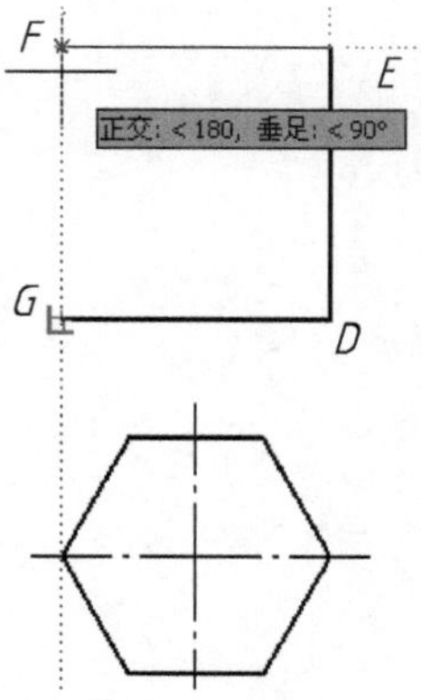

图 2-5　追踪确定 *F* 点

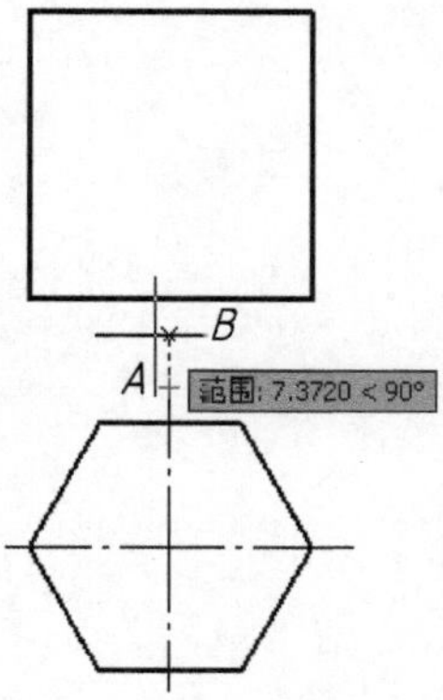

图 2-6　追踪确定 *B* 点

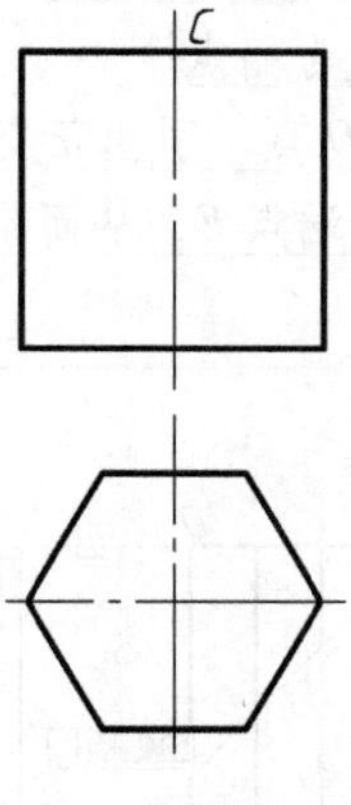

图 2-7　绘线至 *C* 点

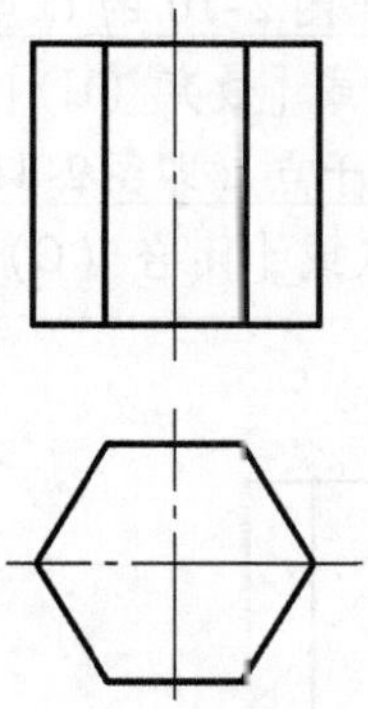

图 2-8　绘制棱线

4. 绘制正六棱柱的左视图

(1) 绘制作图辅助线（构造线）“构造线”命令可以创建无限长的直线。

选择菜单栏“绘图→构造线”命令，或者单击“绘图”工具栏中的“构造线”按钮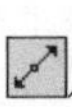后，在命令行会出现如下提示信息。

命令：_ xline 指定点或［水平（H）/垂直（V）/角度（A）/二等分（B）/偏移（O）］：<u>a↙</u>

//创建指定角度的构造线

输入构造线的角度（0）或［参照（R）］：<u>−45↙</u>

指定通过点：<u>单击图 2-9 的任意点（如 *A* 点）为通过点</u>

绘制出的构造线如图 2-9 所示。

(2) 绘制左视图　调用“直线”命令绘制左视图，在命令行会出现如下提示信息。

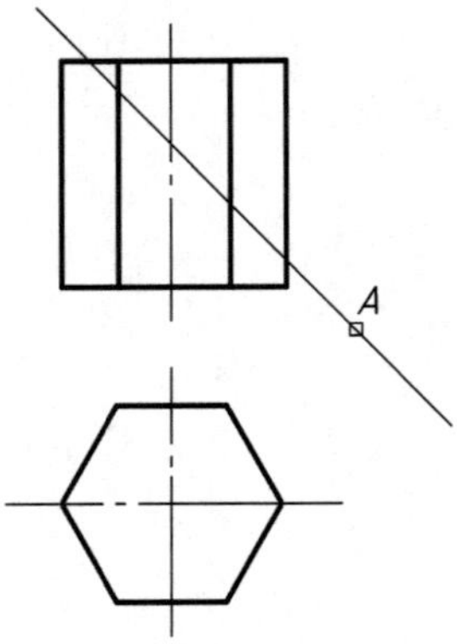

图 2-9　绘制出的构造线

命令：_line 指定第一点：对象捕捉追踪图 2-10 的 *B* 点，引出正交虚直线，于辅助线的交点处（即图 2-10 的 *C* 点）单击鼠标左键确定第一点为端点

指定下一点或［放弃（U）］：：对象捕捉追踪图 2-11 的 *D* 点，引出正交虚的水平直线，与竖直直线相交于点（即图 2-11 的 *E* 点），单击鼠标左键确定端点 *E*，从而绘制 *CE* 线

指定下一点或［闭合（C）/放弃（U）］：↙

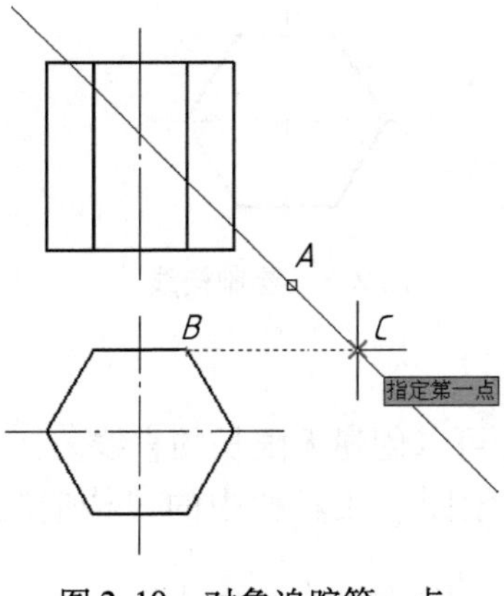

图 2-10　对象追踪第一点

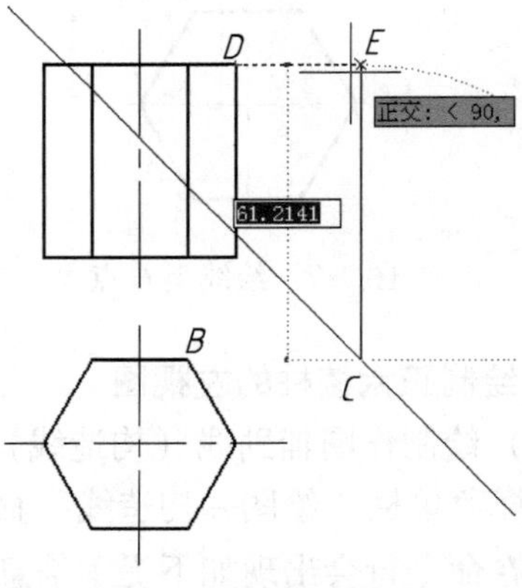

图 2-11　对象追踪下一点

用同样方法绘制图 2-12 所示的正六棱柱左视图线条，并修剪、删除多余图线，得到图 2-13 所示的正六棱柱三视图。

2.1.3　课后练习

绘制三视图是应用 AutoCAD 软件绘制工程图样的最基本的操作。为了实现三视图之间“长对正、高平齐、宽相等”的“三等关系”，熟练使用“对象捕捉”、“对象捕捉追踪”功能进行精确绘图，是正确、快速绘制三视图的关键。三视图绘图练习图例见表 2-1。

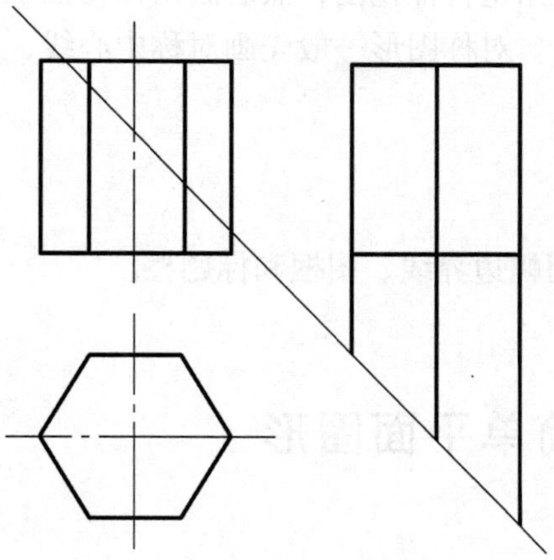

图 2-12　绘制正六棱柱左视图

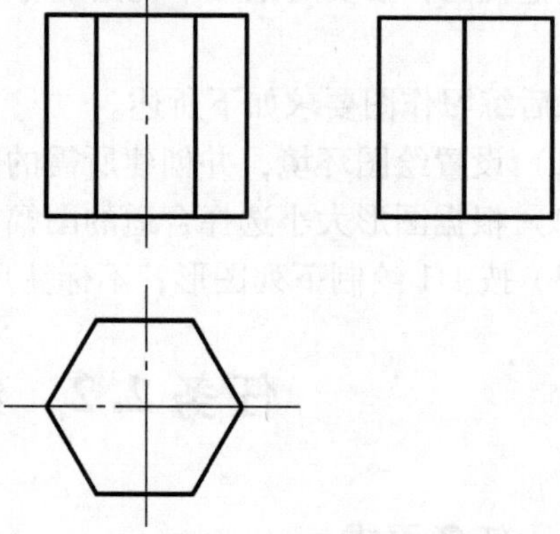

图 2-13　最终的正六棱柱三视图

表 2-1　三视图绘图练习图例

项　目	图　例
练习图 1	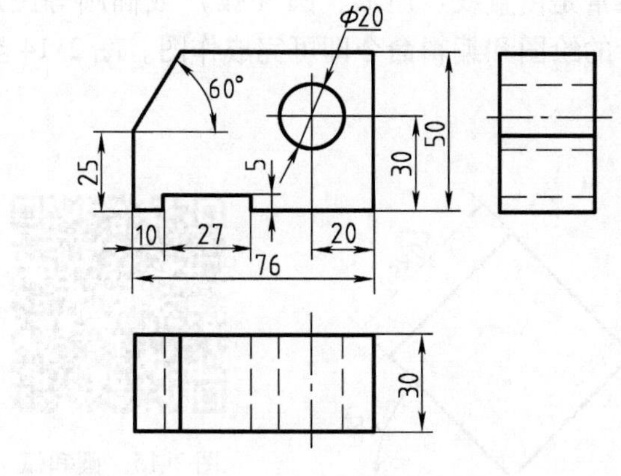
练习图 2	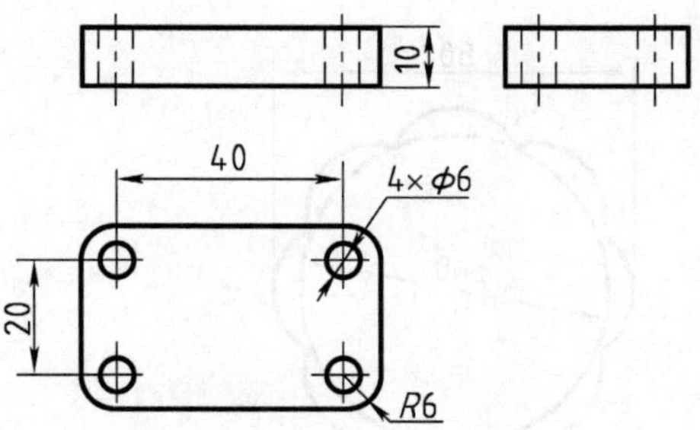

三视图绘图思路：先判断在三视图中哪个视图是特征视图，然后画出该特征视图，再绘制其他视图，必要时把几个视图配合起来画图。对称图形一般先画对称中心线，再画轮廓线。

课后练习作图要求如下所述。

（1）设置绘图环境，并创建所需的图层。

（2）根据图形大小选择合适的图幅，绘制图幅边界线、图框和标题栏。

（3）按 1:1 绘制下列图形，不标注尺寸。

任务 2.2　绘制简单平面图形

2.2.1　任务要求

绘制图 2-14 至图 2-17 所示的平面图形，掌握“圆”、“弧”、“定数等分点”和“图案填充”等绘图命令的操作方法，掌握“旋转”、“阵列”等修改命令的操作方法。

2.2.2　实施步骤

简单平面图形通常是由直线、矩形、圆（弧）或椭圆等图形组成，其绘图步骤相对简单，一般使用较少的绘图和编辑命令即可完成作图。图 2-14 至图 2-17 所示平面图形的作图步骤，见表 2-2。

图 2-14　旋转图形

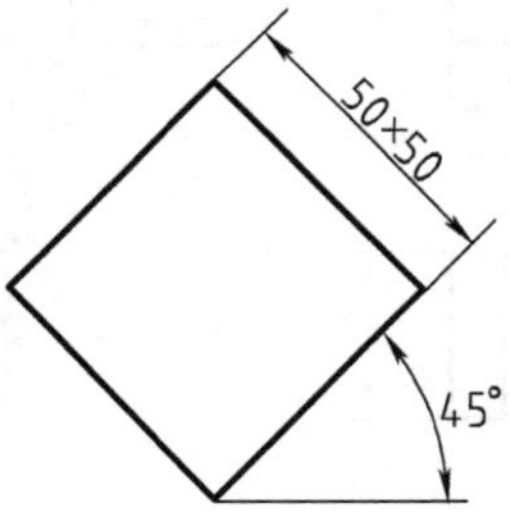

图 2-14　旋转图形

图 2-15　圆和弧

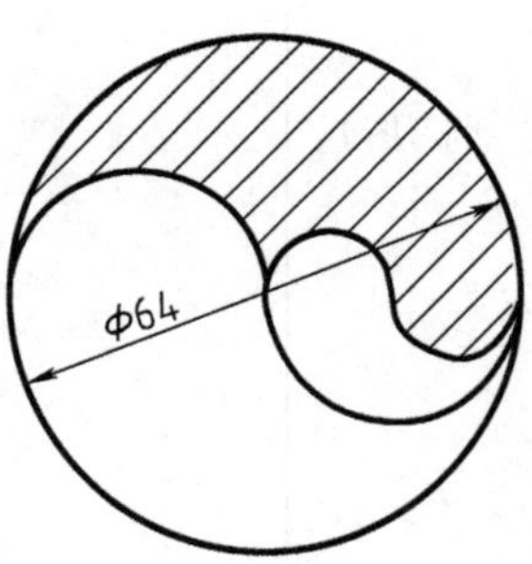

图 2-15　圆和弧

图 2-16　弧和等分圆周

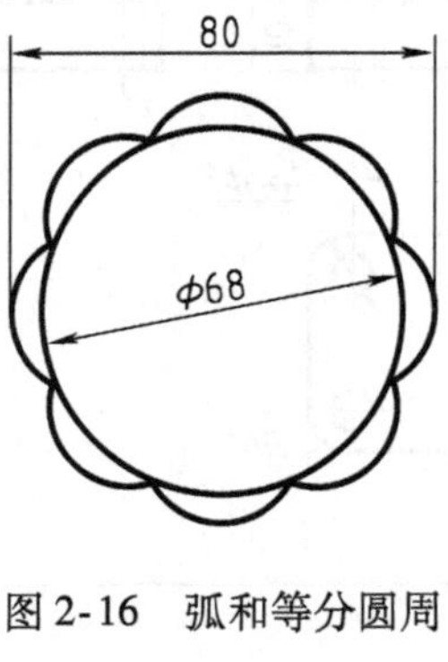

图 2-16　弧和等分圆周

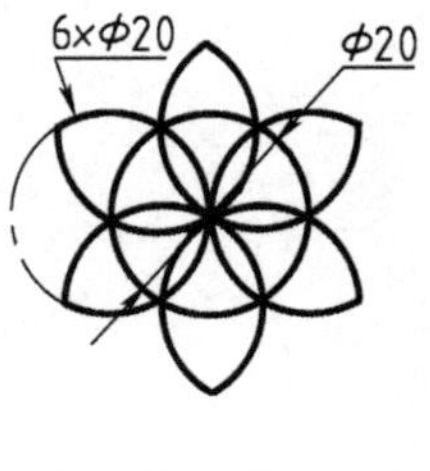

图 2-17　环形阵列

表 2-2　简单平面图形的绘图步骤

项目	绘 图 步 骤
图 2-14 所示旋转图形的作图	作图步骤： 1. 按图 a 所示的尺寸，绘制边长为 50 的水平正方形（图 b） 2. 选择菜单栏“修改→旋转”命令，再选择正方形作为旋转对象后按鼠标左键确定，对象捕捉正方形右下角的 *A* 点作为旋转基点（图 c），输入旋转角度值：－45（即顺时针旋转 45°）或 45（即逆时针旋转 45°）； 3. 旋转后得到的图形，如图 d 所示 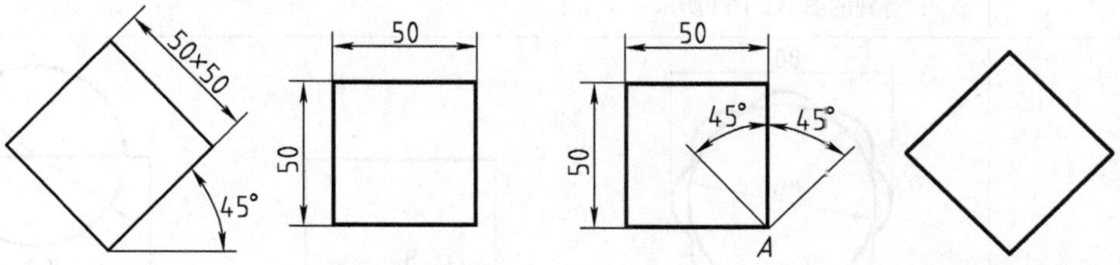 a) 图例　b) 绘制正方形　c) 旋转角度　d) 完成图形
图 2-15 所示圆和弧的作图	作图步骤： 1. 按图 a 所示的图形，先绘制两条长度为 32 的水平直线（图 b）； 2. 绘制 3 个圆（图 c）：对象捕捉长度为 32 的直线的中点为圆心，对象捕捉直线的端点以确定圆半径，分别绘制出两个小圆；再用“圆心、半径”或“两点”方式绘制出大圆； 3. 用“两点”方式画 *A*、*B* 圆（图 d）； 4. 修剪图形，删除多余图线（图 e）； 5. 选择菜单栏“绘图→图案填充”命令绘制剖面线（图 f） 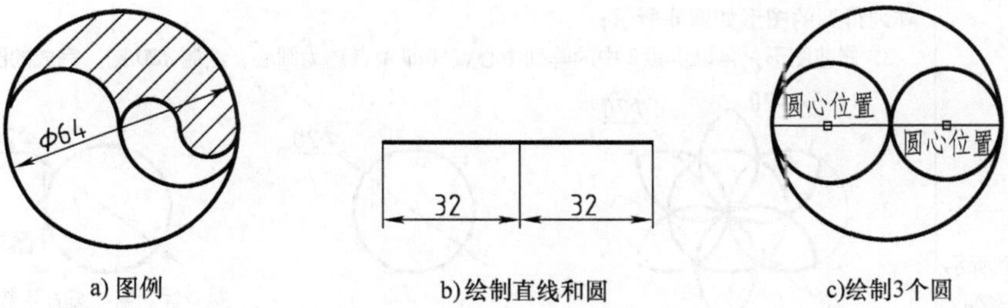 a) 图例　b) 绘制直线和圆　c) 绘制3个圆 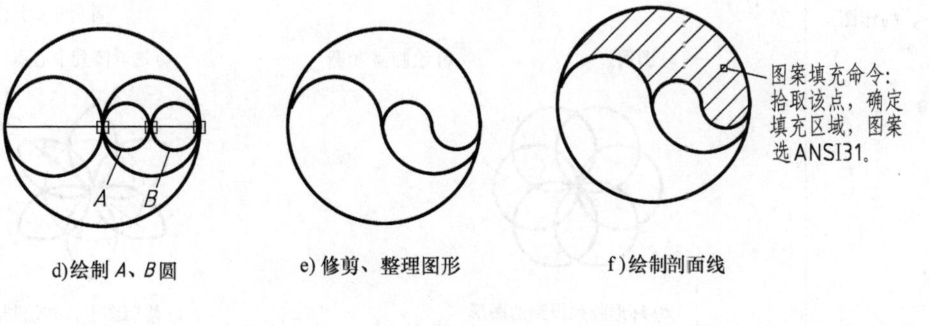 d) 绘制 *A*、*B* 圆　e) 修剪、整理图形　f) 绘制剖面线

（续）

项目	绘 图 步 骤
图 2-16 所示弧和等分圆周的作图	作图步骤： 1. 依据图 a 所示的图形，先绘制长度为 80 的任意水平直线（图 b）； 2. 以直线的中点为圆心，绘制 ϕ68 圆（图 c）； 3. 选择菜单栏“绘图→点→定数等分”命令，将 ϕ68 圆 16 等分。选择菜单栏“格式→点样式”命令，设置合适的点标记（如“×”标记）显示等分点（图 d）； 4. 用“三点”方式绘制 *AC* 弧：3 个点依次选取节点 *A*、端点 *B*、节点 *C*（图 e）； 5. 环形阵列 *AC* 弧，阵列项目总数为 8，阵列中心点选取 ϕ68 圆的圆心（或长度为 80 的直线的中点），得到的图形如图 f 所示
图 2-16 所示弧和等分圆周的作图	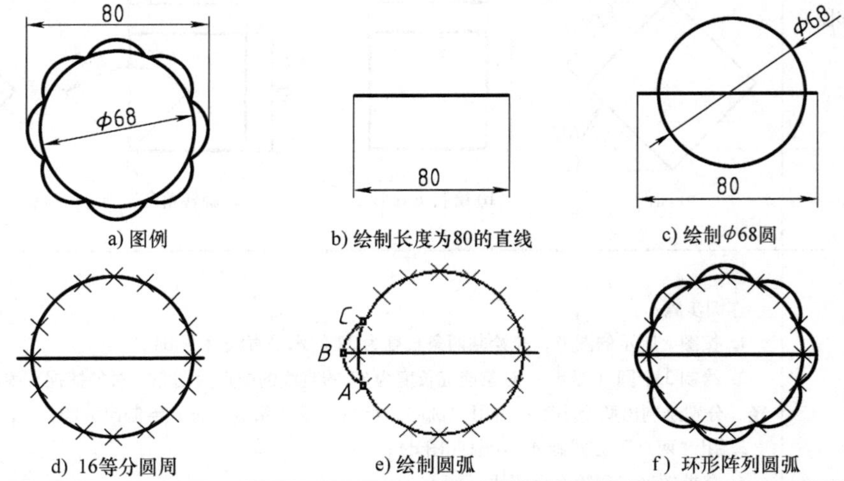a) 图例　b) 绘制长度为80的直线　c) 绘制ϕ68圆 d) 16等分圆周　e) 绘制圆弧　f) 环形阵列圆弧
图 2-17 所示环形阵列的作图	作图步骤： 1. 依据图 a 所示的图例，先绘制任意 ϕ20 圆（图 b）； 2. 环形阵列 ϕ20 圆，阵列项目总数为 6，阵列中心点选取 ϕ20 圆的任意象限点（如图 c 中的 *A* 点），阵列得到的图形如图 d 所示； 3. 修剪图形，再以步骤 2 中的阵列中心点（即 *A* 点）为圆心，绘制 ϕ20 圆。完成的图形如图 e 所示 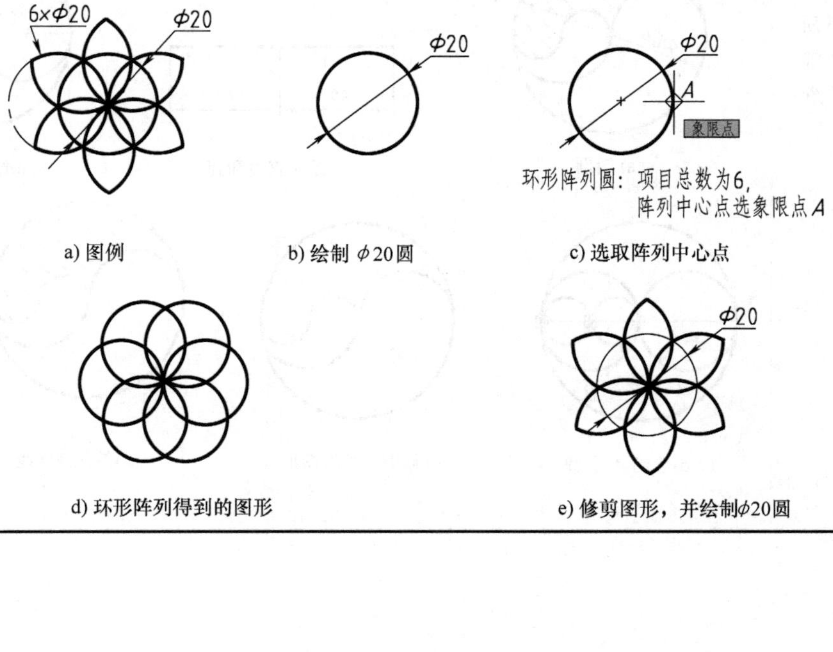a) 图例　b) 绘制 ϕ20圆　c) 选取阵列中心点 d) 环形阵列得到的图形　e) 修剪图形，并绘制ϕ20圆

2.2.3 课后练习

按 1:1 的比例绘制表 2-3 中的平面图形，不标注尺寸。

表 2-3 平面图形绘图练习

序号	图　例
1	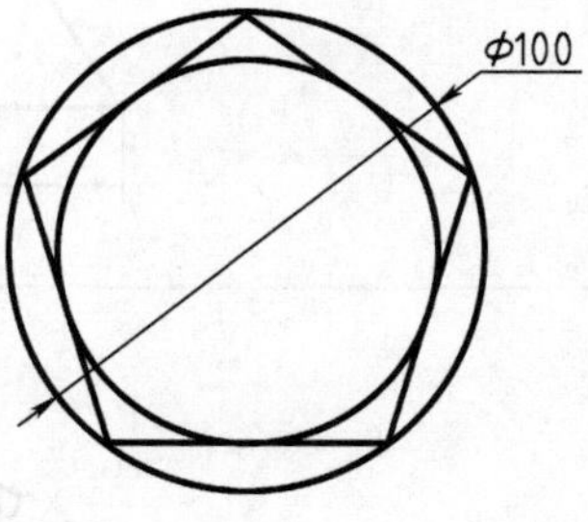
2	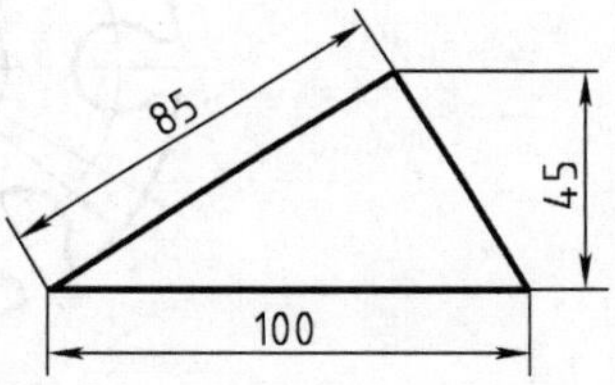
3	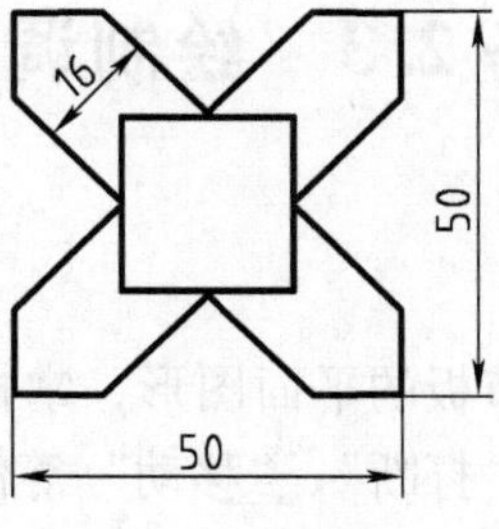
4	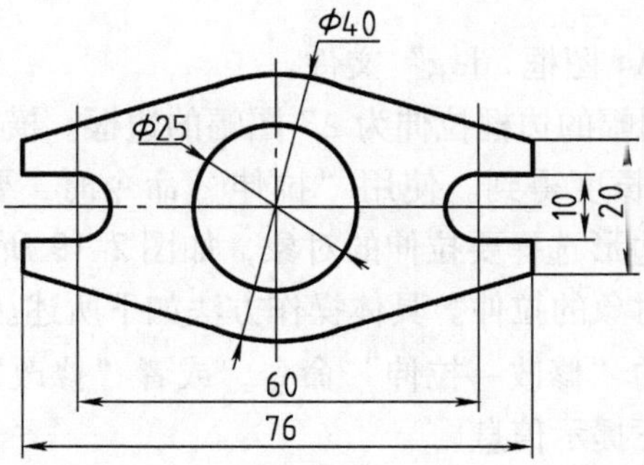

（续）

序号	图　例
5	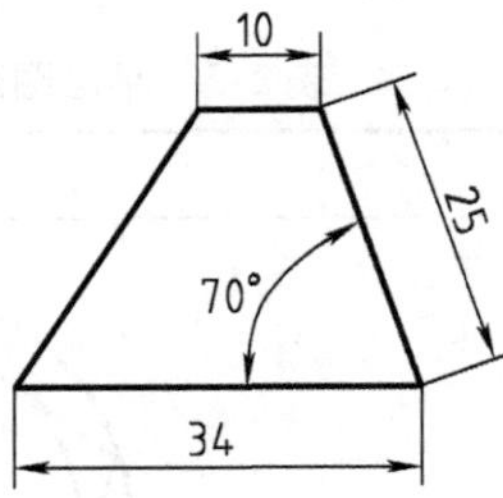
6	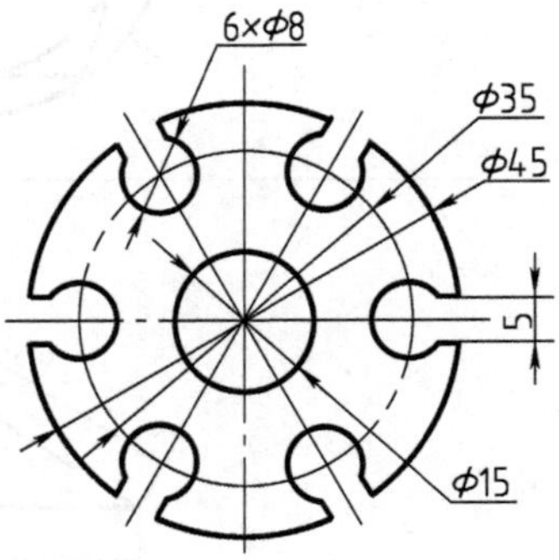

任务 2.3　绘制调节板的平面图形

2.3.1　任务要求

绘制图 2-18 所示调节板的平面图形，掌握定角度直线、圆（弧）切线的绘制方法，掌握“拉伸”、“圆角”、“打断”、“移动”等修改命令的操作方法。

2.3.2　实施步骤

（1）打开“A4 图框 . dwg”文件。

（2）把 A4 图幅的边框拉伸为 A3 图幅的边框。横向放置的 A3 图幅可以由 A4 图幅水平拉伸 210mm 的长度得到。使用“拉伸”命令时，要用交叉窗口（即自右向左框选对象）或用交叉多边形选择要拉伸的对象，如图 2-19 所示，先指定一个基点，再指定位移点来实现对图形对象的拉伸。具体操作方法如下所述。

选择菜单栏的“修改→拉伸”命令，或者“修改”工具栏中的“拉伸”按钮，在命令行会出现如下提示信息。

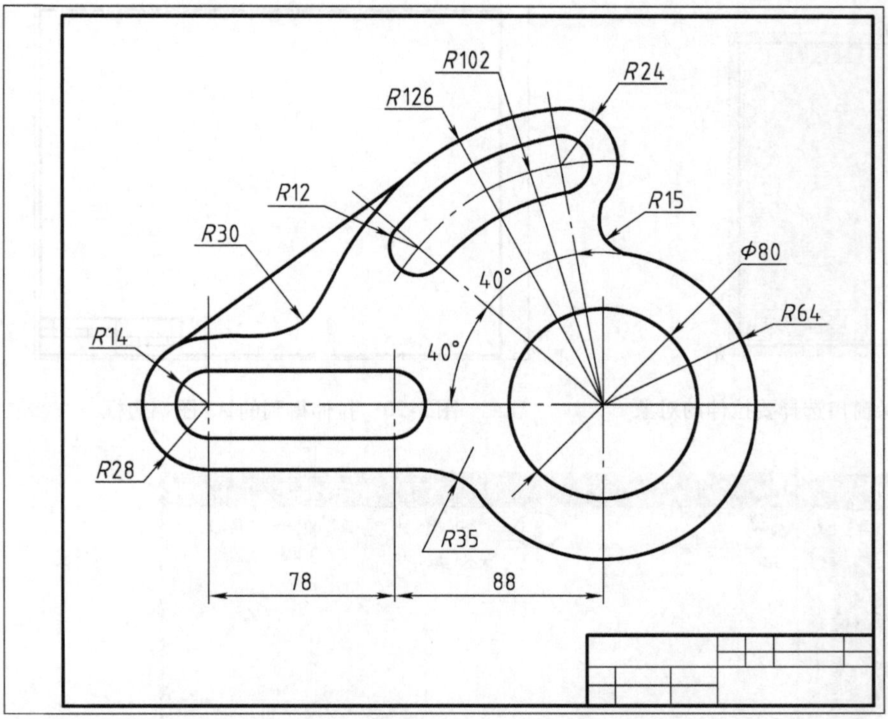

图 2-18　调节板的平面图形

图 2-18　调节板的平面图形

命令：_ stretch

用交叉窗口或交叉多边形选择要拉伸的对象...

选择对象：按住鼠标左键在图 2-19 的 *A* 点处单击，松开左键并移动鼠标，在 *B* 点处继续单击鼠标左键，注意把标题栏框选在内

选择对象：找到 24 个

指定基点或［位移（D）］<位移>：任意单击一点作为移动的基点

指定第二个点或 <使用第一个点作为位移>：打开“正交模式”按钮，向右移动鼠标，再输入拉伸距离 210↙。

拉伸得到的 A3 图幅边框如图 2-20 所示。

（3）保存命名为“平面图形 . dwg”文件。选择菜单栏的“文件→另存为”命令，系统弹出“图形另存为”对话框，如图 2-21 所示，指定保存路径，并输入文件名“平面图形”，单击“保存”按钮退出对话框。

（4）绘制调节板的平面图形。

1）目测适当位置，绘制作图基准线。在绘图的过程中，经常需要绘制水平或铅垂直线，为此，AutoCAD 提供了图线“正交功能”。当启用该功能时，绘制直线或移动对象只能沿水平或垂直方向移动。启动“正交功能”可以单击 <F8> 键，也可以单击状态栏下的“正交模式”按钮。

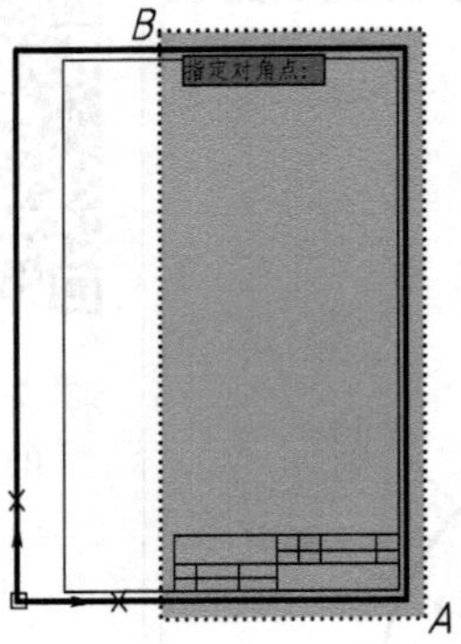

图 2-19　用交叉窗口选择要拉伸的对象

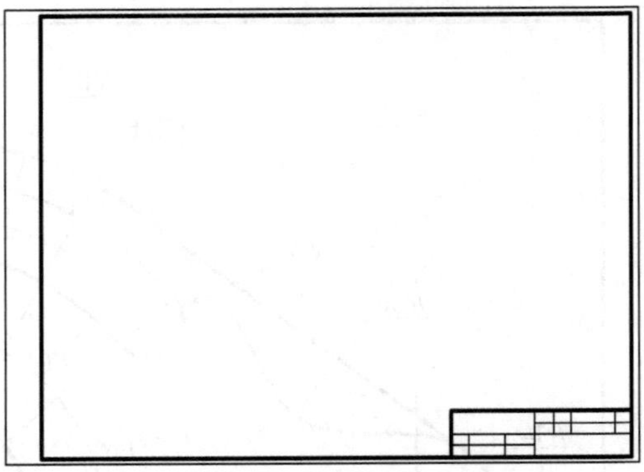

图 2-20　拉伸得到的 A3 图幅边框

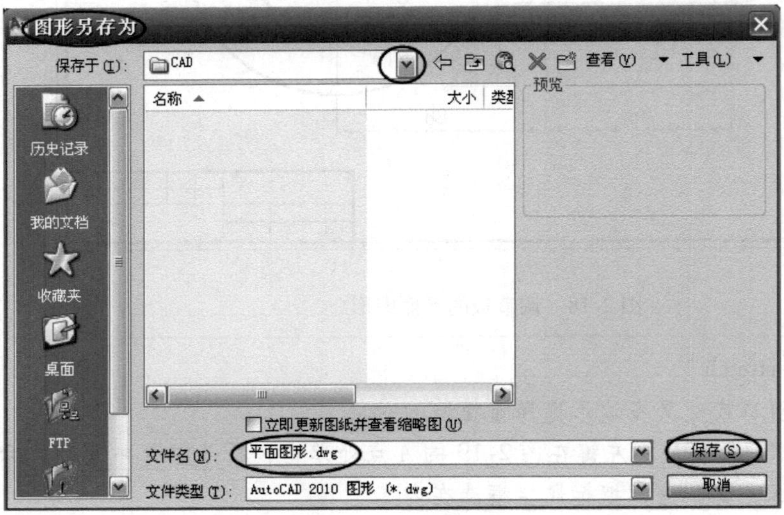

图 2-21　“图形另存为”对话框

把“细点画线”图层置为当前图层，利用“直线”命令结合“正交功能”，在 A3 图幅边框中画出水平及竖直的作图基准线（注意，画线时基准线端点用鼠标大致定位，不必用坐标精确定位），绘制出的作图基准线如图 2-22 所示。

2）将竖直中心线向左、右各偏移 78 和 88，如图 2-23 所示。

3）调用“细点画线”图层绘制两条 40°的斜线。绘图时经常需要用到一些特殊的点，例如圆心、切点、线段的端点、交点等，如果用鼠标拾取或用坐标输入这些点，是十分困难的。因此，AutoCAD 提供了识别并捕捉这些特殊点的功能，这种功能被称为“对象捕捉”。利用“对象捕捉”功能可以迅速、方便而准确地捕捉那些特殊的点。

单击“直线”命令按钮，对象捕捉图 2-24 中①处的交点作为直线端点，打开状态栏处的“动态输入”按钮，输入线段长度“130”，单击 <TAB> 键，输入角度值“140”，按 <回车> 键确认，再按 <回车> 键结束“直线”命令。按 <回车> 键重复调用“直线”

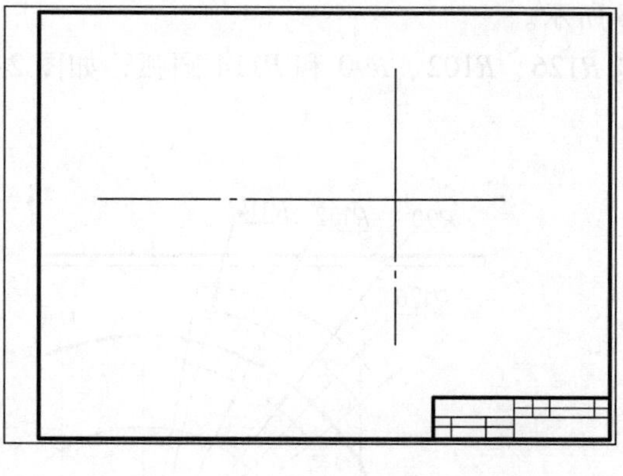

图 2-22　绘制作图基准线的结果

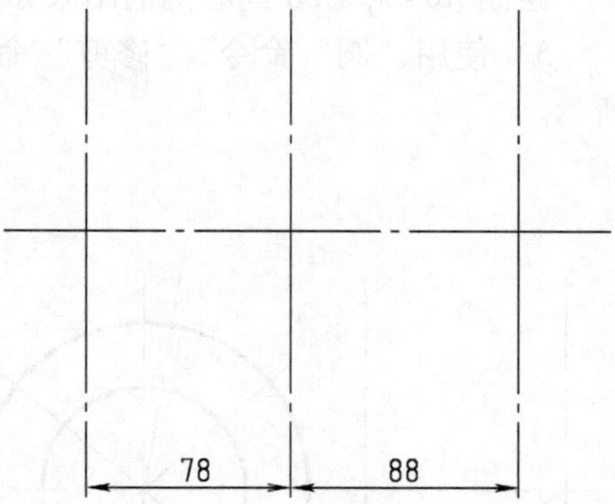

图 2-23　偏移竖直中心线

命令，仍采用“对象捕捉”图 2-24 中①处的交点，输入线段长度“130”，单击 < TAB > 键，输入角度值“100”，按 < 回车 > 键确认，再按 < 回车 > 键结束“直线”命令。绘制出两条 40°的细点画线如图 2-25 所示。

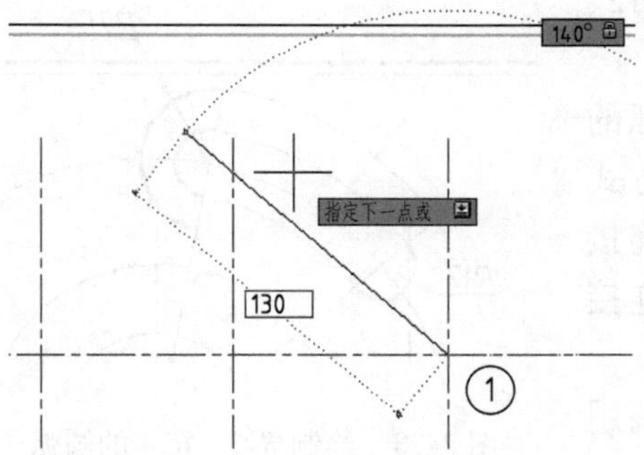

图 2-24　利用 < TAB > 键输入

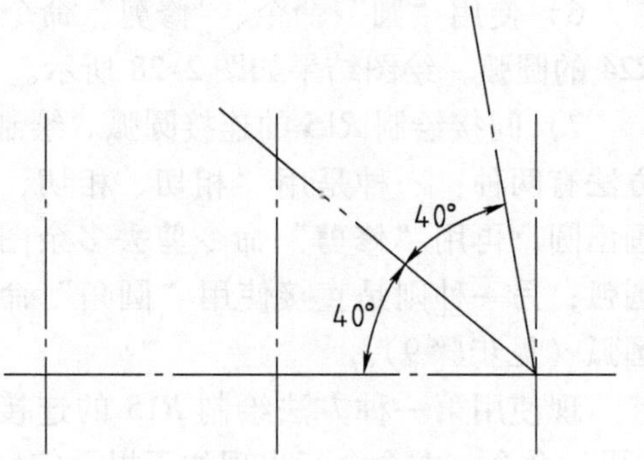

图 2-25　绘制两条 40°的细点画线

4）绘制同心圆。绘制圆的方法有多种，现在分别以“圆心、半径”方式和“圆心、直径”方式绘制 $R64$ 和 $\phi80$ 的同心圆。

把“粗实线”图层置为当前图层。调用菜单栏“绘图→圆”命令后，在命令行会出现如下提示信息。

命令：_ circle 指定圆的圆心或［三点（3P）/两点（2P）/切点、切点、半径（T）］：单击圆心所在的交点
指定圆的半径或［直径（D）］：64↙　　//输入圆的半径 64
命令：CIRCLE 指定圆的圆心或［三点（3P）/两点（2P）/切点、切点、半径（T）］：单击圆心所在的交点
指定圆的半径或［直径（D）］<64.00>：d↙　　//选择直径选项
指定圆的直径 <128.00>：80↙　　//输入直径 80

绘制 $R64$ 和 $\phi80$ 同心圆的结果如图 2-26 所示。

5）使用“圆”命令、“修剪”命令绘制 $R126$、$R102$、$R90$ 和 $R114$ 圆弧，如图 2-27 所示。

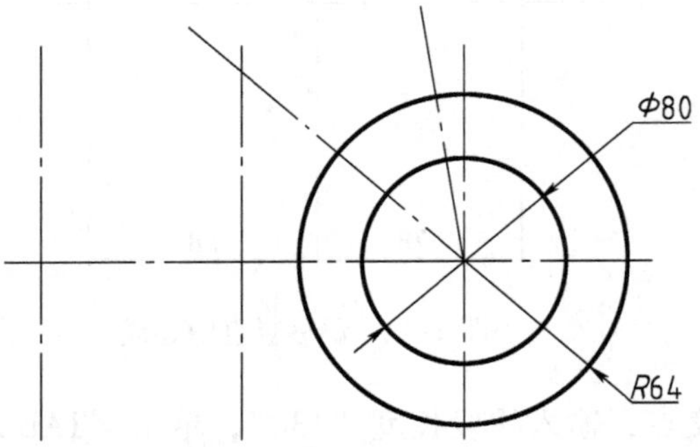

图 2-26　绘制 $R64$ 和 $\phi80$ 同心圆的结果

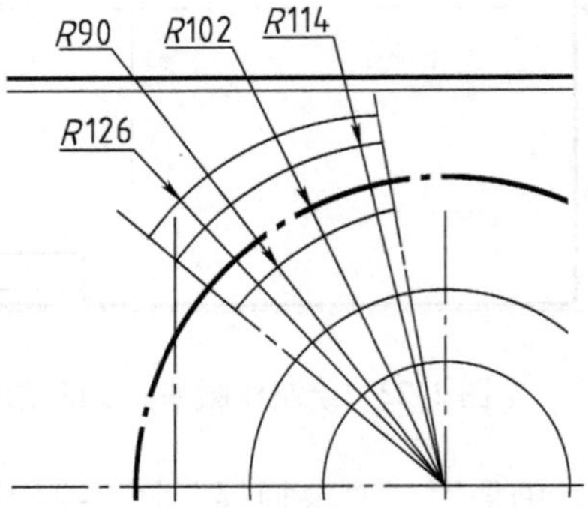

图 2-27　绘制 $R126$、$R102$、$R90$ 和 $R114$ 圆弧

6）使用“圆”命令、“修剪”命令绘制出 $R12$、$R24$ 的圆弧，绘图结果如图 2-28 所示。

7）间接绘制 $R15$ 的连接圆弧。绘制连接圆弧的方法有两种：一种是用“相切、相切、半径”方式画出圆，再用“修剪”命令剪去多余图线得到连接圆弧；另一种则是直接使用“圆角”命令画出连接圆弧（见步骤 9）。

现使用第一种方法绘制 $R15$ 的连接圆弧。调用“圆”命令，在命令行出现如下提示信息。

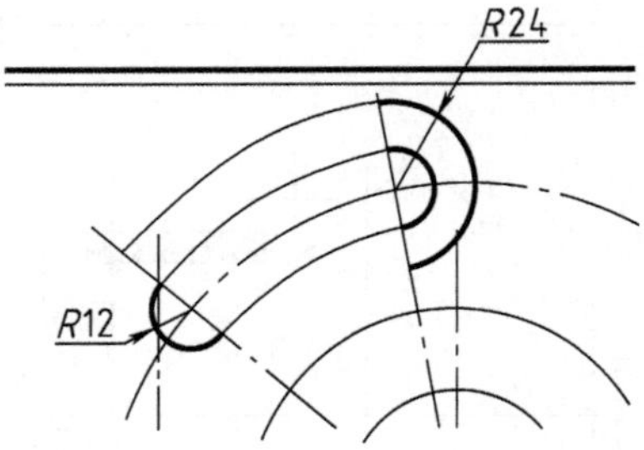

图 2-28　绘制 $R12$、$R24$ 的圆弧

命令：_ circle 指定圆的圆心或［三点（3P）/两点（2P）/切点、切点、半径（T）]：T↙

指定对象与圆的第一个切点：在 $R24$ 圆弧上选择一点

指定对象与圆的第二个切点：在 $R64$ 圆弧上选择一点

指定圆的半径 <24.0000>：15↙

使用“修剪”命令修剪多余图线，得到的连接圆弧图形如图 2-29 所示。

8）绘制 $R14$、$R28$ 的圆及直线，如图 2-30 所示。

9）使用“圆角”命令绘制 $R30$、$R35$ 的圆弧。用圆角连接两图线时，首先要设置好圆角半径，再选择对象进行圆角操作。选择菜单栏的“修改→圆角”命令，或者单击“编辑”工具栏中的“圆角”按钮后，在命令行会出现如下提示信息。

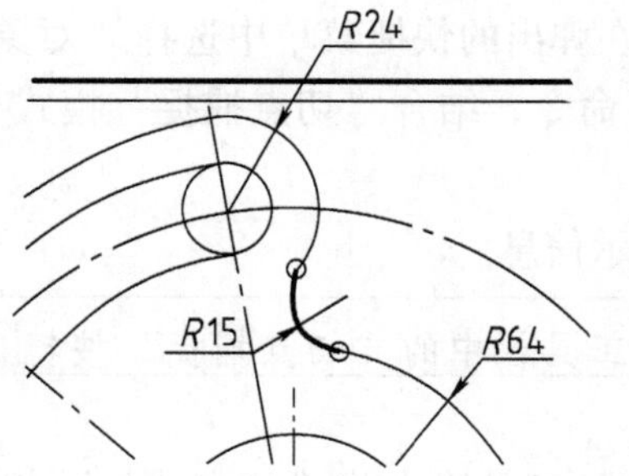

图 2-29　间接绘制 *R*15 的连接圆弧

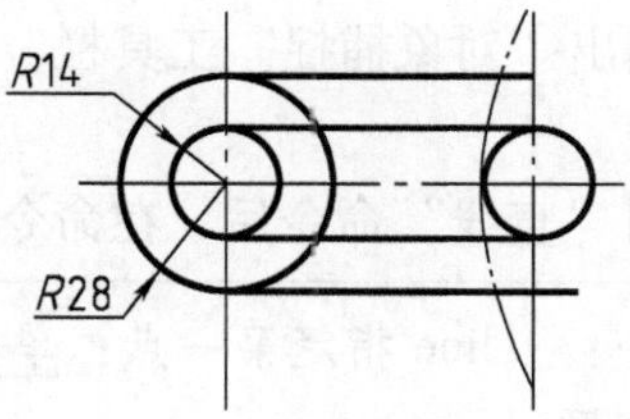

图 2-30　绘制 *R*14、*R*28 圆及直线

命令：_ fillet
当前设置：模式 = 修剪，半径 = 0.00
选择第一个对象或［放弃（U）/多段线（P）/半径（R）/修剪（T）/多个（M）］：R↙
指定圆角半径 <0.00>：30↙
选择第一个对象或［放弃（U）/多段线（P）/半径（R）/修剪（T）/多个（M）］：选择需连接的圆弧对象
选择第二个对象，或按住 <Shift> 键选择要应用角点的对象：选择需连接的圆弧对象

命令：_ fillet
当前设置：模式 = 修剪，半径 = 30.00
选择第一个对象或［放弃（U）/多段线（P）/半径（R）/修剪（T）/多个（M）］：R↙
指定圆角半径 <30.00>：35↙
选择第一个对象或［放弃（U）/多段线（P）/半径（R）/修剪（T）/多个（M）］：选择需连接的圆弧对象
选择第二个对象，或按住 <Shift> 键选择要应用角点的对象：选择需连接的圆弧对象

绘制圆角的结果如图 2-31 所示。

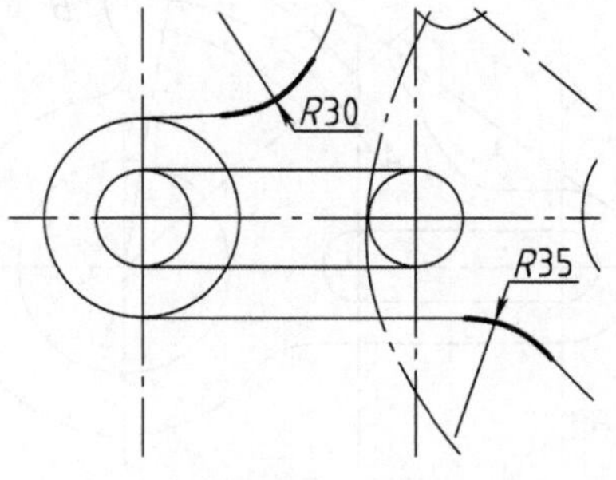

图 2-31　绘制圆角

10）画切线。在任意工具栏上单击鼠标右键，在弹出的快捷菜单中选择“对象捕捉”选项，调出“对象捕捉”工具栏。再调用“直线”命令，结合“切点捕捉”模式即可绘制切线。

调用“直线”命令后，在命令行会出现如下提示信息。

> 命令：_ line 指定第一点：单击“对象捕捉”工具栏中的“切点捕捉”按钮，再单击相切圆
>
> 指定下一点或［放弃（U）］：单击“对象捕捉”工具栏中的“切点捕捉”按钮，再单击相切圆
>
> 指定下一点或［放弃（U）］：↙

修剪多余图线后，绘制的切线如图 2-32 所示。

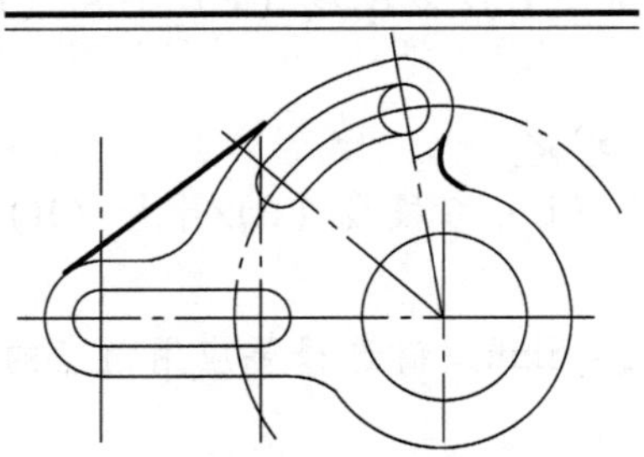

图 2-32　绘制的切线

11）打断 *R*102 圆弧。选择菜单栏“修改→打断”命令，在命令行会出现如下提示信息。

> 命令：_ break 选择对象：单击图 2-33 所示 *A* 点处的圆弧
>
> 指定第二个打断点或［第一点（F）］：单击图 2-33 所示 *B* 点处的圆弧

注意，打断圆周图形时系统按逆时针方向打断图形。打断 *R*102 圆弧后得到的图形如图 2-33 所示。

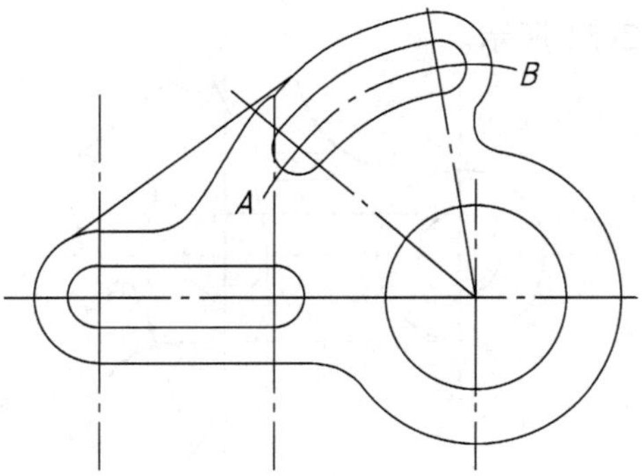

图 2-33　打断 *R*102 圆弧

12）继续整理图形，将多余图线打断成线条，并删除多余线条。

13）必要时将图形移动到合适的位置。若图形位置不正确，则可选择菜单栏“修改→移动”命令，或者单击“编辑”工具栏中的“移动”按钮，将图形移至合适的位置。

调用“移动”命令后，在命令行会出现如下提示信息。

```
命令：_ move
选择对象：选择需要移动的图形对象
选择对象↙（终止选择）
指定基点或 [位移（D）] <位移>：指定任意点作为移动基点
指定第二个点或 <使用第一个点作为位移>：指定要移至的位置点
```

操作结束后，整理并移动的图形如图 2-34 所示。

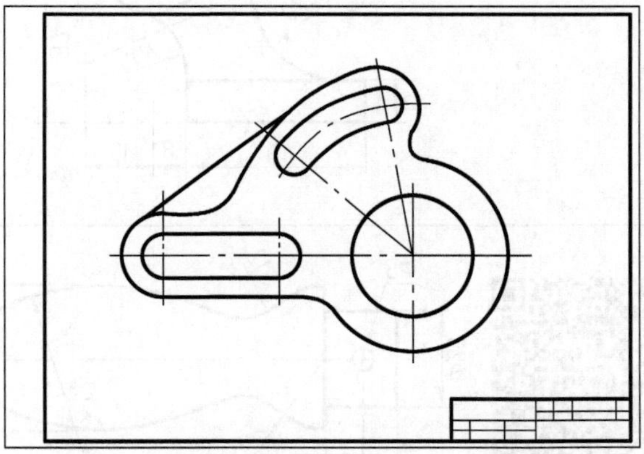

图 2-34　整理并移动后得到的图形

14）保存文件并退出系统。

2.3.3　课后练习

在 AutoCAD 中绘制图形的方法有多种。为了提高绘图速度，建议在绘图之前首先要对图形进行分析，弄清图形的结构形状，分析有多少种绘图方法，再从中选择最佳方案进行绘图。先做图形分析，明确绘图思路后再绘图，才能达到事半功倍的效果，切忌一拿到图就不假思索地盲目绘图。其次，绘图方法与技巧也是平时训练的重点。课后练习的绘图技巧训练图例见表 2-4，部分图例的作图步骤见表 2-5。

作图要求如下所述。

（1）设置绘图环境，并创建所需的图层。

（2）根据图形大小选择合适的图幅，绘制图幅边界线、图框和标题栏。

（3）按 1∶1 比例绘制表 2-4 的图形，不标注尺寸。

表 2-4　绘图技巧训练图例

序号	图例名称	图　例
1	摆杆	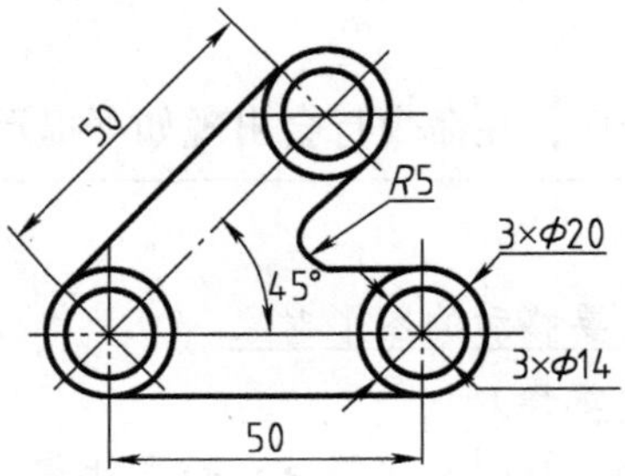
2	支座	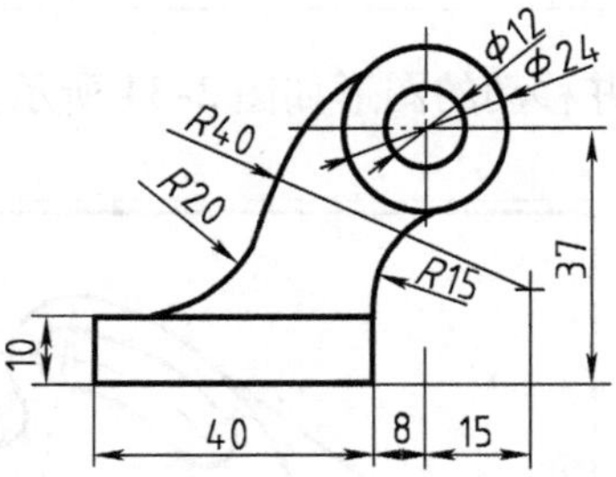
3	手柄	手柄平面图形 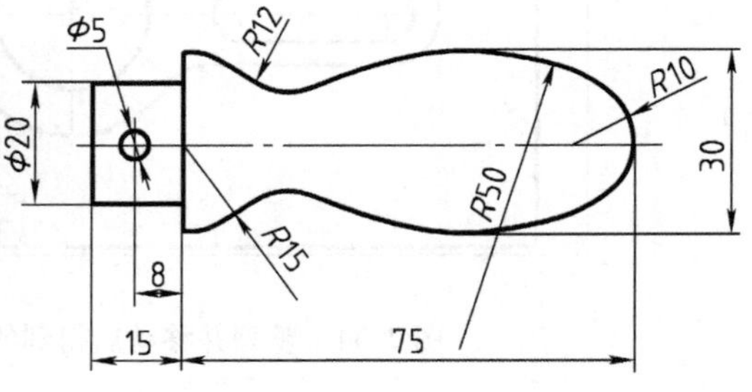
4	扳手	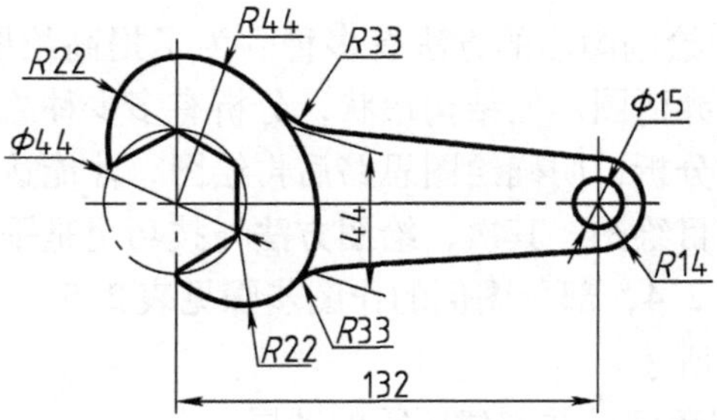

（续）

序号	图例名称	图　例
5	垫板	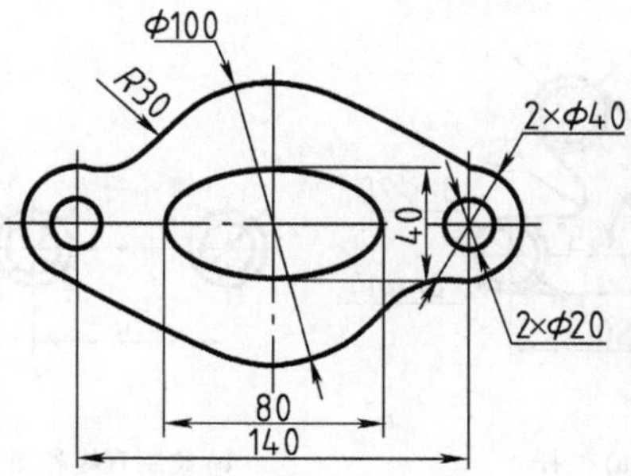 垫板平面图形
6	侧板	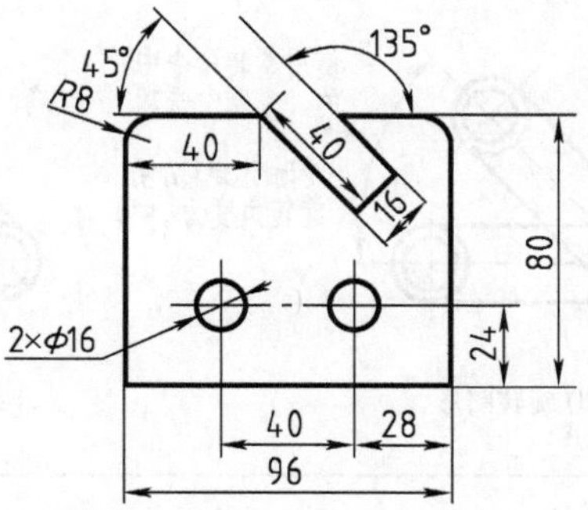
7	轮盘	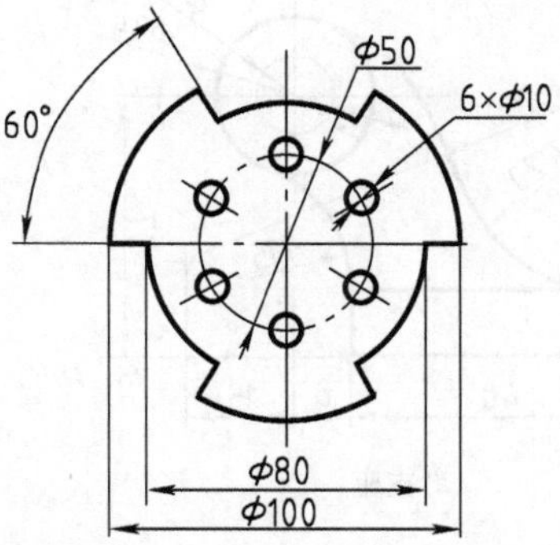
8	比例缩放绘图	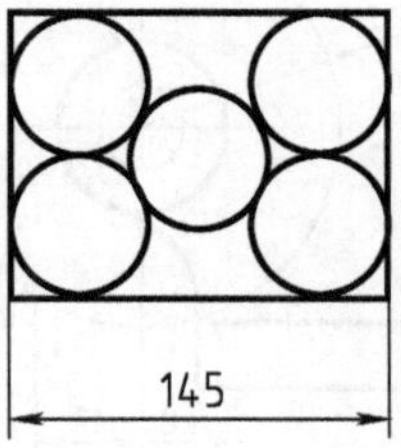 a) 矩形和圆 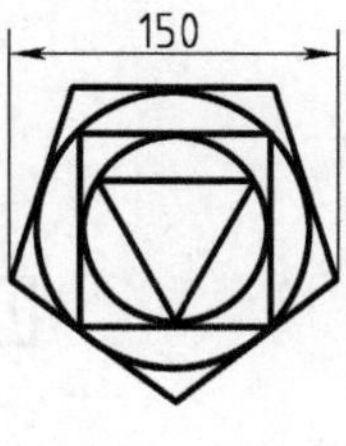 b) 正多边形和圆 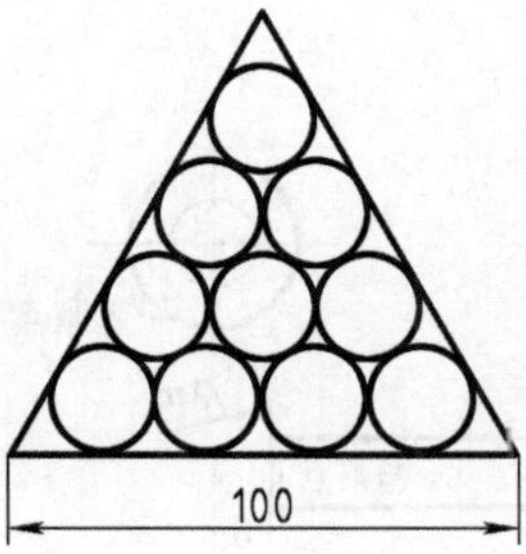 c) 三角形和圆  d) 圆和相切圆

表 2-5 绘图技巧训练部分图例的作图步骤（仅供参考）

项目	图例
摆杆的绘图步骤	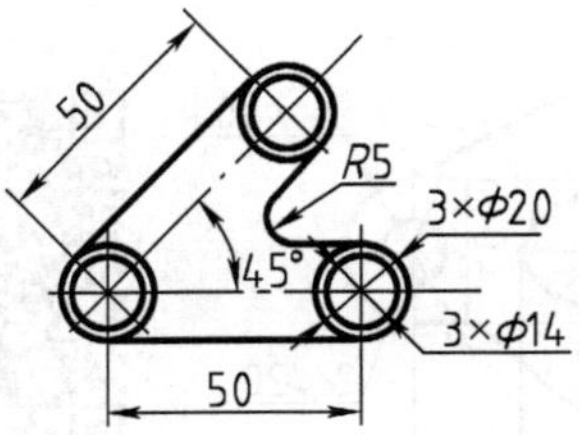 a) 摆杆 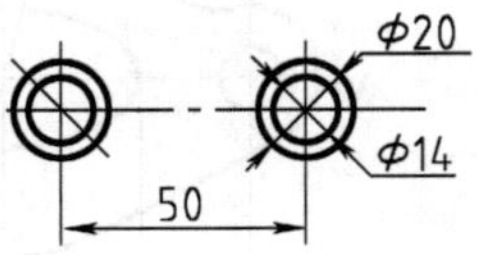 b) 绘制直线和图 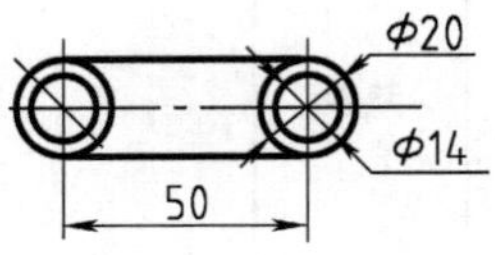 c) 绘制切线 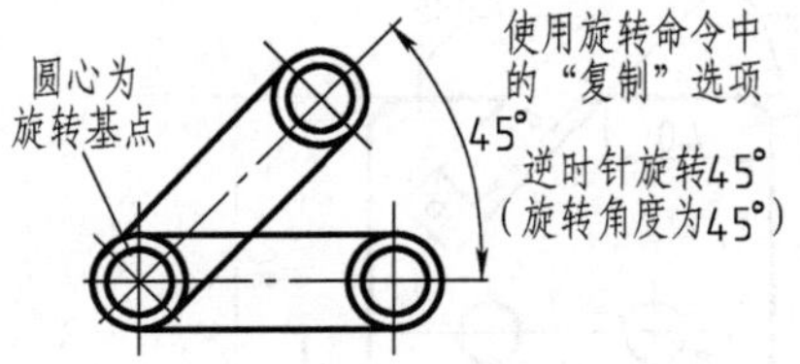 d) 旋转图形 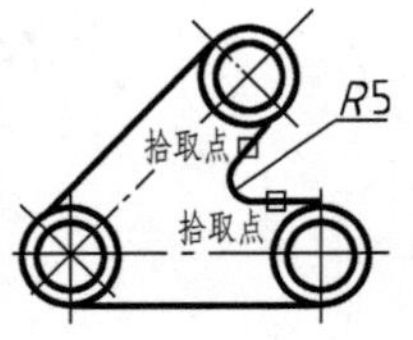 e) 绘制 *R*5 的圆角  f) 完成的图形
支座的绘图步骤	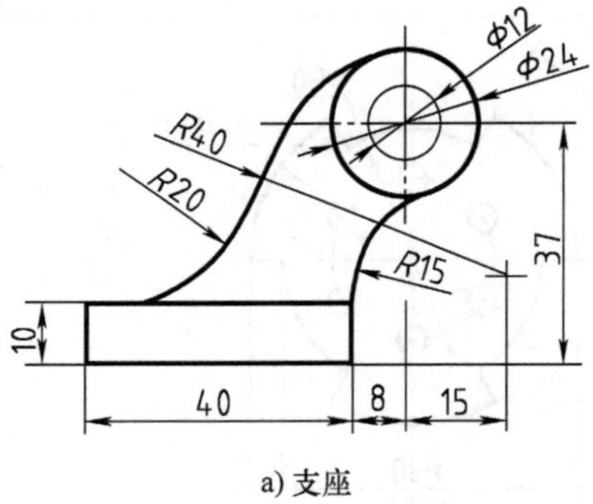 a) 支座 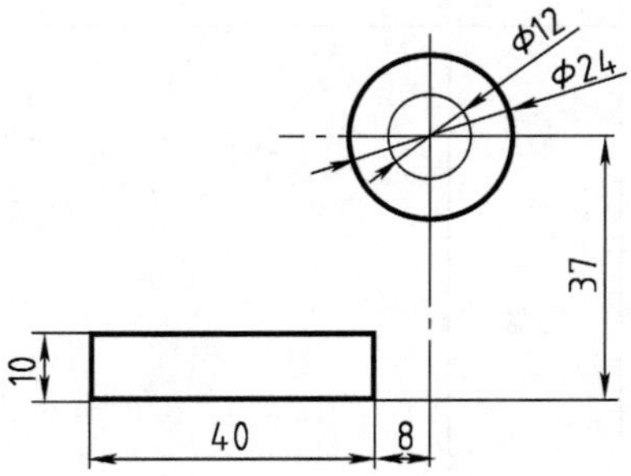 b) 绘制矩形和圆 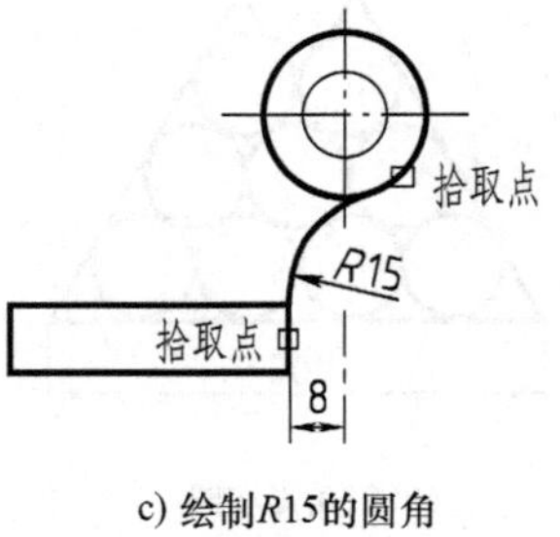 c) 绘制*R*15的圆角 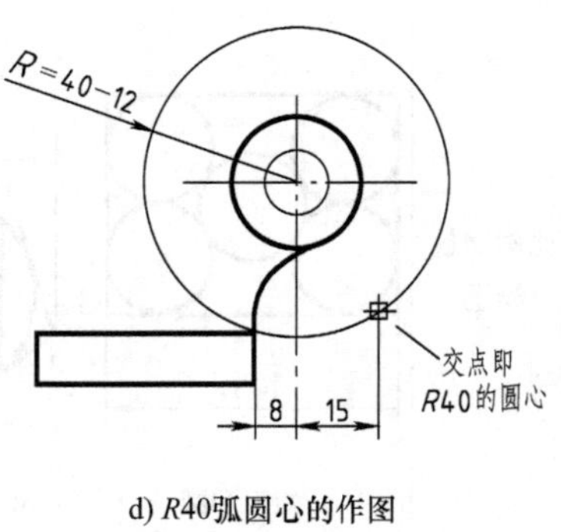 d) *R*40弧圆心的作图

（续）

<table>
<tr><th>项目</th><th>图 例</th></tr>
<tr><td>支座的绘图步骤</td><td>
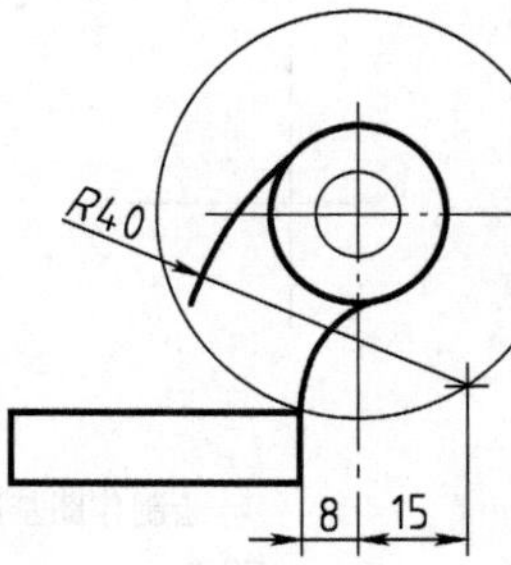

e) 绘制R40圆

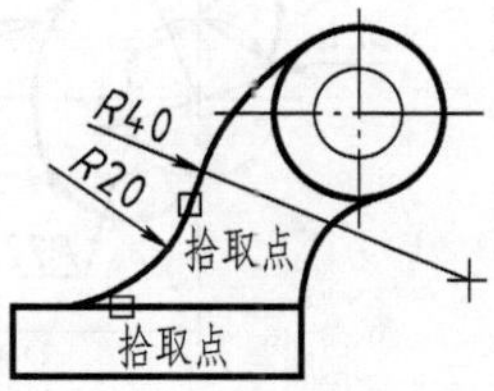

f) 绘制R20的圆角，完成图形
</td></tr>
<tr><td>手柄的绘图步骤</td><td>
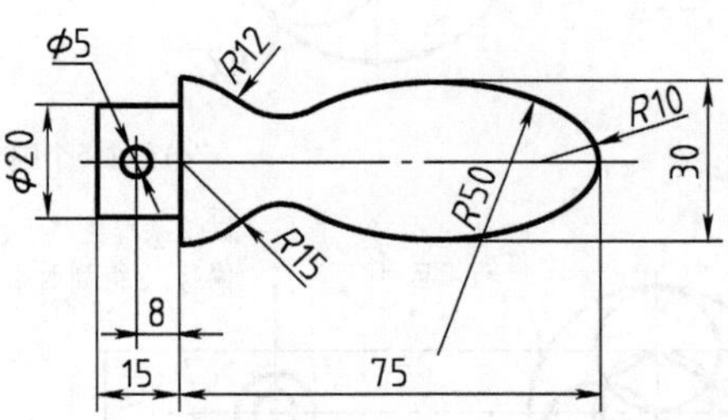

a) 手柄

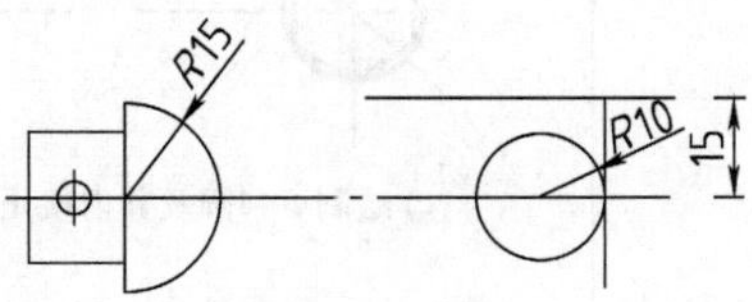

b) 绘制尺寸已知的图形

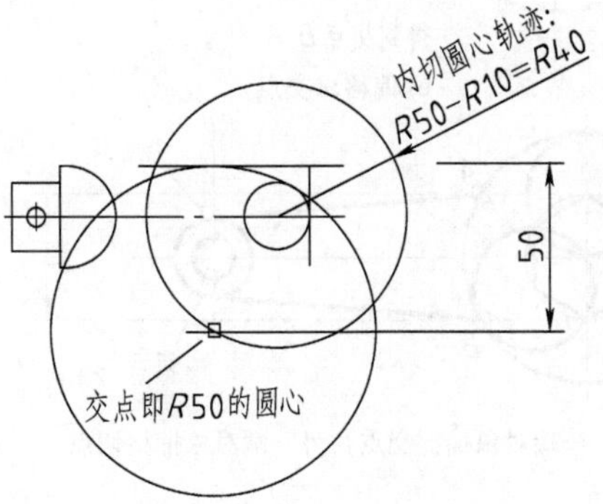

c) R50圆的作图

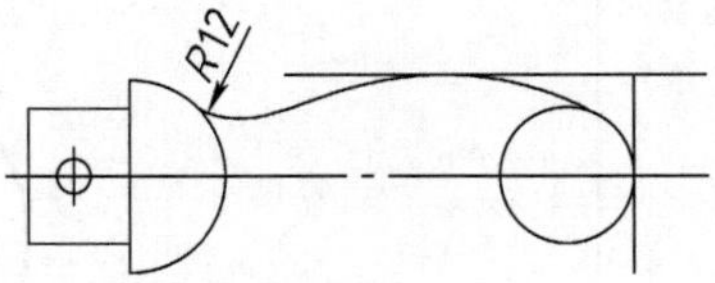

d) 绘制R12的圆角

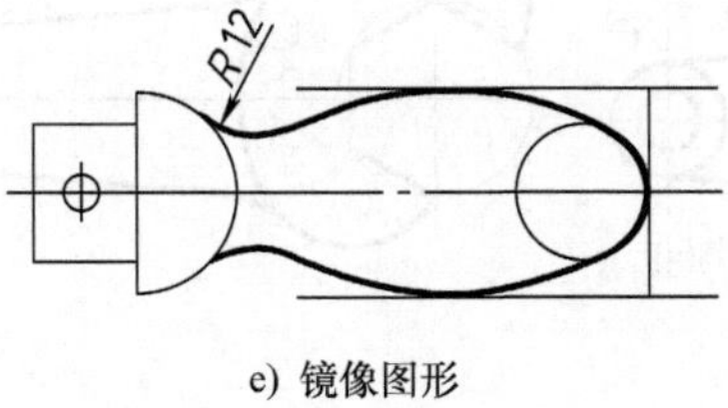

e) 镜像图形

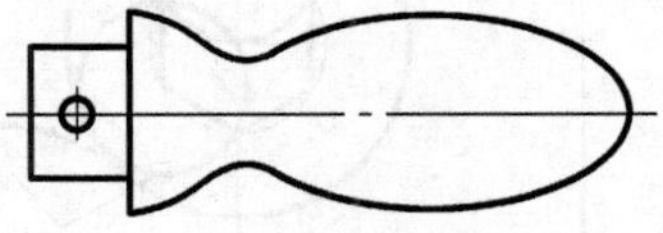

f) 修剪、删除多余图线，整理图形
</td></tr>
</table>

（续）

<table>
<tr><th>项目</th><th>图　例</th></tr>
<tr><td>扳手的绘图步骤</td><td>
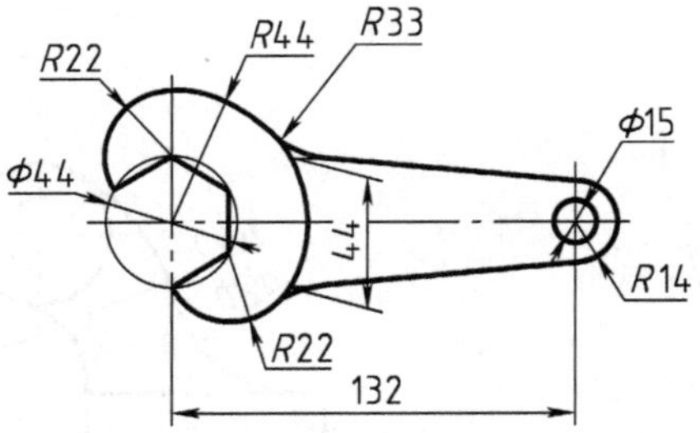

a) 扳手

b) 绘制作图基准线

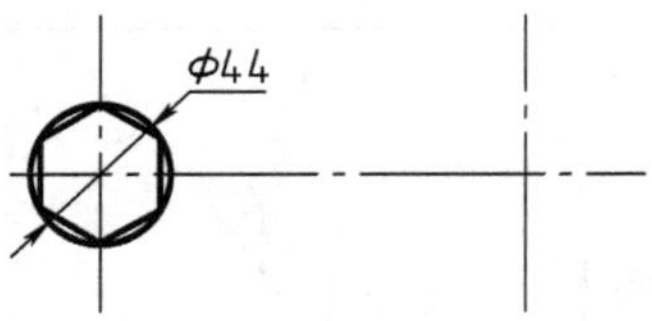

c) 绘制φ44圆及其内接正六边形

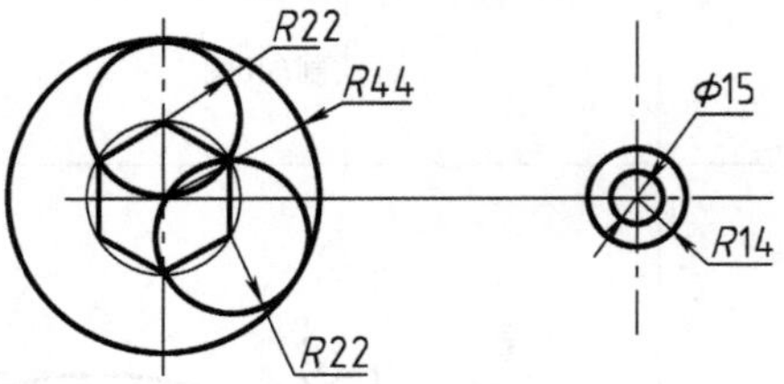

d) 绘制5个圆

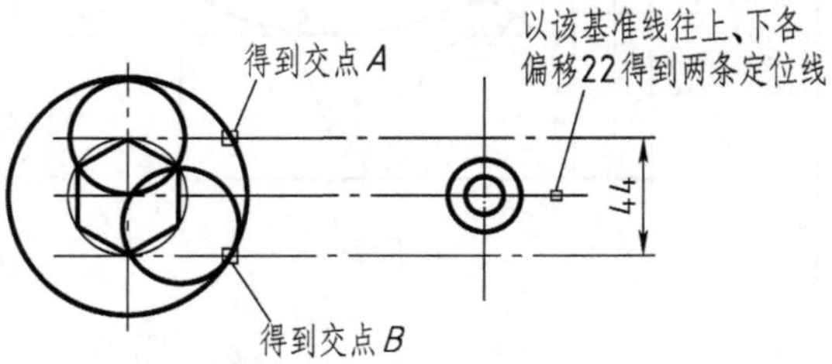

e) 偏移求交点

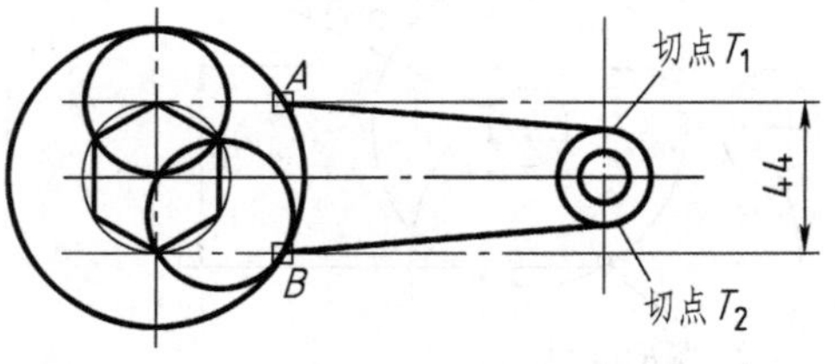

f) 绘制两条直线：一端对象捕捉交点，另一端对象捕捉切点

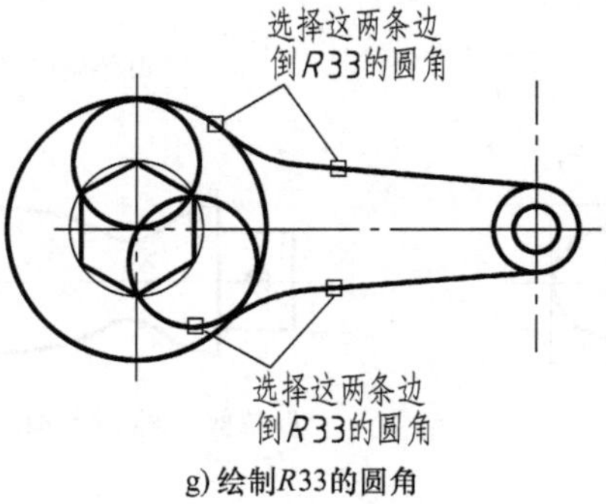

g) 绘制R33的圆角

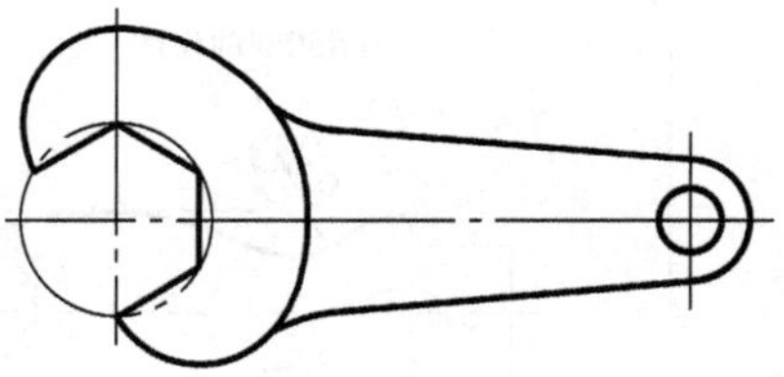
h) 修剪、删除多余图线
</td></tr>
</table>

（续）

项目	图　例
比例缩放绘图的作图步骤	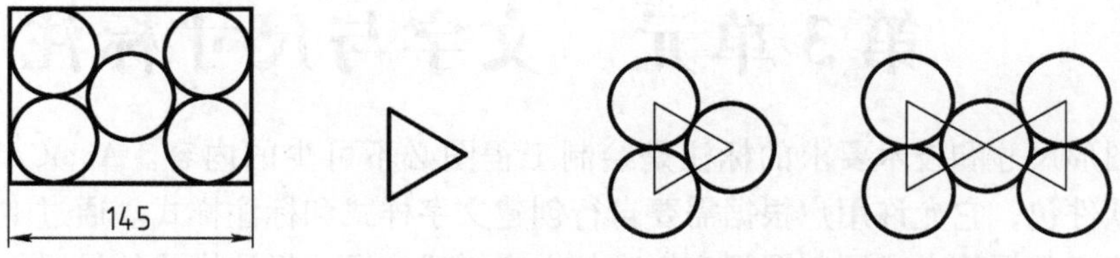 a) 图例　b) 绘制任意正三角形　c) 绘制圆　d) 镜像图形 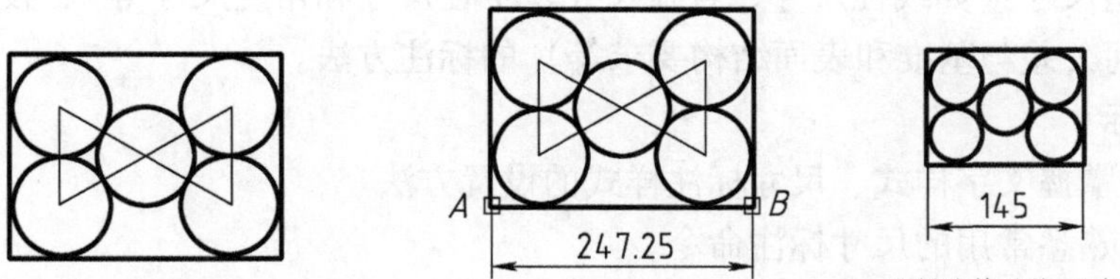 绘制矩形，与圆外切 "比例缩放"图形(▣)：基点选任意点(如A点)，—不输入比例因子，输入"参照"选项字母R后回车。— 对象捕捉A、B点以指定参考长度，输入新长度145后回车。 比例缩放后的图形 e) 绘制与圆外切的矩形　f) 比例缩放图形　g) 完成的图形

绘图武林外传之第二回

第3单元　文字与尺寸标注

图形尺寸和技术要求的标注是绘制工程图必不可少的内容。AutoCAD 是一个通用的绘图软件包，它允许用户根据需要自行创建文字样式和标注样式。通过本单元的训练，力求使读者掌握符合我国制图国家标准的文字样式、尺寸标注样式的设置方法，以及常见的各种类型尺寸（如线性尺寸、直径尺寸、半径尺寸和角度尺寸等）、技术要求（如尺寸公差、几何公差与基准和表面结构要求等）的标注方法。

知识目标

1）掌握文字样式、尺寸标注样式的设置方法。

2）熟悉常用的尺寸标注命令。

能力目标

1）能够进行单行文字和多行文字的创建和编辑。

2）能够正确标注尺寸。

素质目标

1）培养规范的操作和认真细致的学习态度。

2）培养专注执着、精益求精的工匠精神。

3）培养发现问题、分析问题和解决问题的能力。

任务3.1　文字样式的设置方法

3.1.1　任务要求

设置符合我国制图国家标准的文字样式，并书写如图3-1所示的简化格式的标题栏文字。

(图名)			比例	数量	材料	图号
制图	(签名)	(日期)	(学校、班别)			
审核						

图3-1　简化格式的标题栏文字

3.1.2　实施步骤

1. 打开图形文件

打开“A4图框.dwg”文件。

2. 设置需要的文字样式

按照我国制图国家标准的要求，图样中的文字应使用长仿宋字体书写。在 AutoCAD 中，国标工程大字体样式 gbcbig.shx（有正体 gbenor.shx 和斜体 gbeitc.shx 两种类型）和 TrueType 字体样式中的仿宋_ GB2312 字体都可以书写出符合要求的字体。

以上两者的区别是：gbcbig. shx 可以实现中英文混写，如“2 × ϕ10 配作”，书写出的字体为单线条字样。而仿宋_ GB2312 字体只能书写汉字和数字，不能书写 ϕ 等符号，书写长仿宋字体前需设置宽度因子为 0.7，且其字体厚实，呈填充字样。

建议在利用 AutoCAD 绘制图样时设置两种文字样式，一种样式用于尺寸标注（书写英文及数字），另一种样式用于书写技术要求等汉字。文字样式设置见表 3-1。

下面介绍常用的绘图文字样式的设置方法，具体操作步骤如下。

表 3-1　文字样式设置（仅供参考）

文字样式名	应用范围	字体文件	大字体	字高	宽度因子
尺寸	英文及数字	gbenor. shx	gbcbig. shx	0	1
长仿宋体	长仿宋体字	仿宋_ GB2312		0	0.7

注：1. 字高在文字输入时按需要再设定。

2. gbenor. shx 字体文件可以实现中英文混写，如“2 × ϕ10 配作”。

3. 仿宋_ GB2312 字体文件只能书写汉字和数字，不能书写 ϕ 等符号。

（1）建立“尺寸”文字样式用于书写西文及数字　选择菜单栏的“格式→文字样式”命令，系统弹出“文字样式”对话框；单击“新建”按钮，弹出“新建文字样式”对话框，如图 3-2 所示；在样式名中输入“尺寸”；单击“确定”按钮进入图 3-3 所示的“文字样式”对话框。

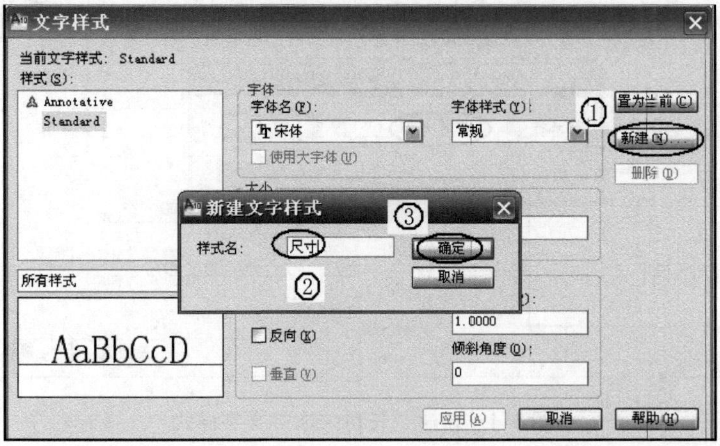

图 3-2　“新建文字样式”对话框

在图 3-3 所示的“文字样式”对话框中，左侧样式窗口处出现了所创建的“尺寸”样式名。在“字体”下拉列表框中选择“gbenor. shx”字体，勾选“使用大字体”复选框；在大字体列表框中选择“gbcbig. shx”样式，其他默认系统选项（高度为 0、宽度因子为 1），然后单击“应用”按钮，“尺寸”文字样式设置完毕。

（2）建立“长仿宋体”文字样式用于书写汉字　在图 3-3 所示设置的基础上单击“新建”按钮，系统弹出“新建文字样式”对话框，如图 3-4 所示。在“样式名”中输入“长仿宋体”；单击“确定”按钮进入图 3-5 所示的对话框，在其中设置“长仿宋体”文字样式。首先去掉“使用大字体”复选框的“√”，然后在“字体名”列表框中选择“仿宋_GB2312”样式（注意不要选到“@仿宋_GB2312”样式，带有@的文字为竖放格

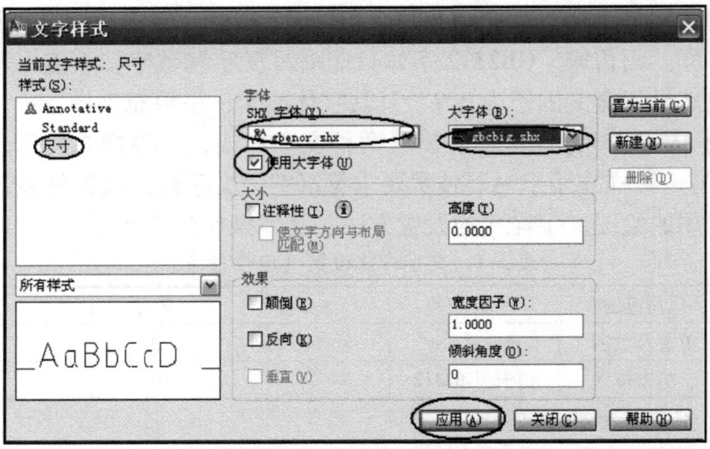

图 3-3　设置“尺寸”文字样式

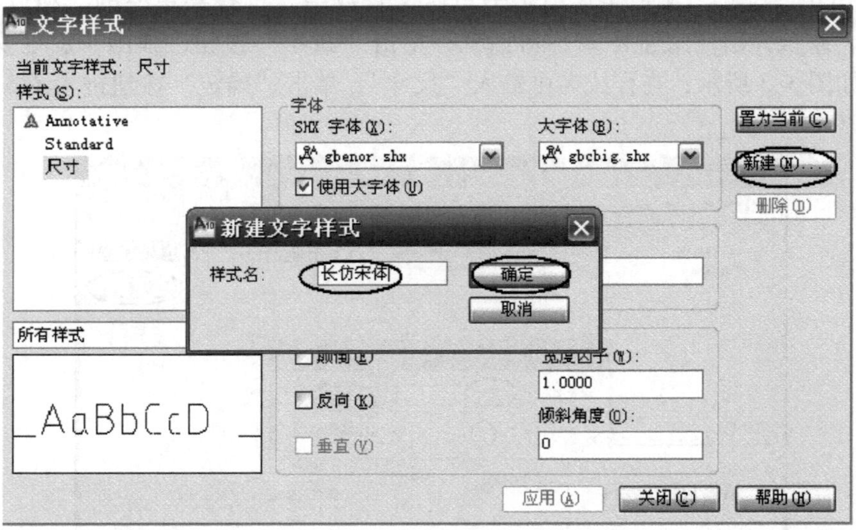

图 3-4　新建“长仿宋体”文字样式

式），“宽度因子”设为0.7，单击“应用”按钮，再单击“关闭”按钮退出“文字样式”对话框。至此“长仿宋体”文字样式设置完毕。

3. 设置“长仿宋体”为当前文字样式

在软件界面右上角处“样式”工具栏中，选择“长仿宋体”，将其设置为当前文字样式，如

所示。

4. 书写标题栏中的文字

（1）用“单行文字”命令书写文字　单行文字主要用来创建文字内容较少的文字对象。用“单行文字”命令一次写入的文字每一行都是一个独立的对象，可以对其进行重定位、调整格式和其他修改操作。

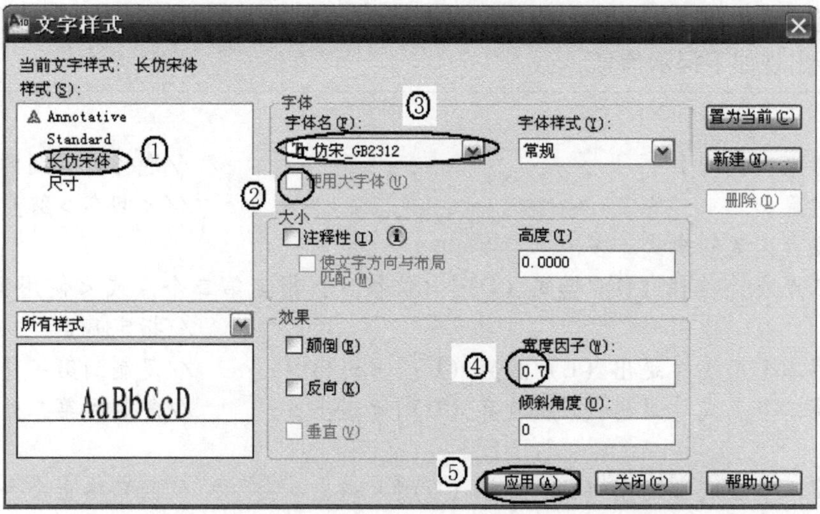

图3-5 设置“长仿宋体”文字样式

选择菜单栏“绘图→文字→单行文字”命令，或者单击“文字”工具栏中的“单行文字”按钮，根据命令行的提示用光标确定文字的起点位置；根据提示指定文字字高为5；根据提示，指定旋转角度为0；当系统提示输入文字时，启用中文输入法，输入“制图”两个字；关闭中文输入法，双击<回车>键结束命令。用“移动”命令把“制图”两个字移到合适位置。在标题栏中书写“制图”的文字效果，如图3-6所示。

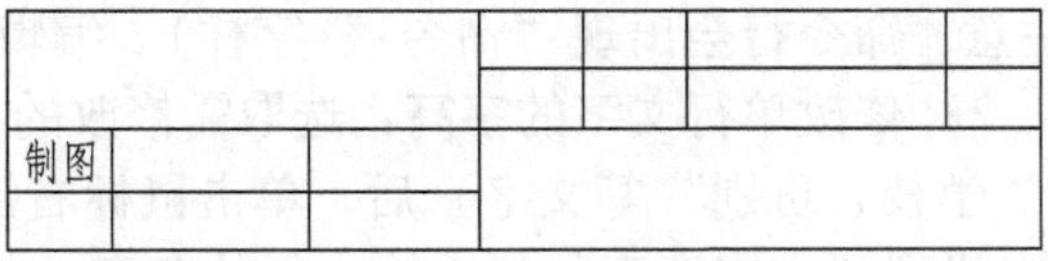

图3-6 在标题栏中书写“制图”的文字效果

执行上述操作后，在命令行会出现如下提示信息。

命令：_ dtext
当前文字样式：“长仿宋体” 文字高度：2.50 注释性：否
指定文字的起点或［对正（J）/样式（S）］：单击鼠标左键确定文字的放置位置
//单击文字放置点
指定高度 <2.50>：5 //指定标题栏中的文字高度
指定文字的旋转角度 <0>： //按 <回车> 默认当前旋转角度为0
提示输入文字： //输入文字

（2）复制文字 “复制”命令可以将原对象以指定的角度和方向创建对象的副本，例如把“制图”字样复制到需要填写文字的各栏中，如图3-7所示。

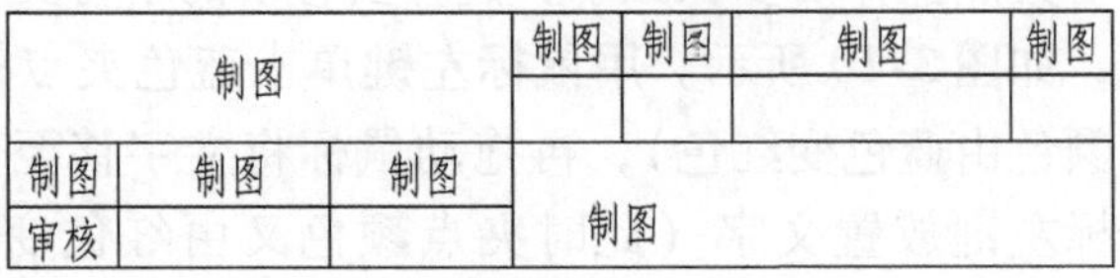

图3-7 复制文字

选择菜单栏“修改→复制”命令，或者单击“修改”工具栏中的“复制”按钮，在命令行会出现如下提示信息。

```
命令：_ copy
选择对象：找到 1 个                                   //选择需复制的对象
选择对象：                                            //<回车>终止选择对象
当前设置：复制模式 = 多个
指定基点或［位移（D）/模式（O）］<位移>：指定第二个点或<使用第一个点作
为位移>：                                             //指定基点
指定第二个点或［退出（E）/放弃（U）］<退出>：          //复制到第一处位置
指定第二个点或［退出（E）/放弃（U）］<退出>：          //复制到第二处位置
……
指定第二个点或［退出（E）/放弃（U）］<退出>：          //回车终止命令
```

（3）编辑单行文字

1）修改单行文字的内容：双击要更改内容的文字，发现字体亮显为蓝色背景，打开中文输入法直接输入“审核”，此时可观察到标题栏的文字内容也随之更改。把光标移动到另一个需更改的文字上单击，发现字体又变为蓝色背景，然后直接输入新的文字内容……；当所有文字内容已更改完毕后，关闭输入法，双击<回车>键退出修改状态（注意，命令行会出现“命令：”字样）。编辑完成的单行文字内容如图 3-8 所示。

2）修改单行文字的字高：选取需修改的文字（如标题栏左上角的“图名”和右下角的“学校、班别”等文字）后，单击鼠标右键选取“特性”选项，在弹出的“特性”面板中找到“文字高度”栏，输入新的字高（如 10）后<回车>，再单击“特性”面板左上角的按钮关闭面板，即可观察到字体大小已发生变化。按<ESC>键退出文字选取状态。编辑字高后的标题栏如图 3-9 所示。

(图名)			比例	数量	材料	图号
制图	李明	2012.3	××学校		××班	
审核						

图 3-8　编辑单行文字的内容

(图名)			比例	数量	材料	图号
制图	李明	2012.3	××学校		××班	
审核						

图 3-9　编辑字高后的标题栏

3）编辑单行文字的位置：若文字放置的位置不合理，则可以使用“移动”命令进行操作，或者使用“夹点”功能来移动文字。

夹点操作的步骤如下：选择要移动的单行文字后，单行文字左下角将出现蓝色夹点标记，如图 3-10 所示。用鼠标左键单击蓝色夹点标记（可观察到夹点颜色由蓝色变红色），再拖动鼠标将文字移至合适位置后，单击鼠标左键放置文字（此时夹点颜色又由红色变为蓝色），最后按<ESC>键退出文字选取状态。编辑后的标题栏如图 3-11 所示。

.（图名）

图 3-10　单行文字左下角的夹点标记

(4) 保存文件　选择菜单栏的“文件→另存为”命令保存文件，文件命名为“A4 图框和标题栏 . dwg”。

(图名)			比例	数量	材料	图号
制图	李明	2012.3	××学校　××班			
审核						

图 3-11　编辑后的标题栏

(5) 在指定两点之间书写单行文字　绘图时，有时需要在指定的两点之间书写文字，AutoCAD 提供了在指定的两点之间书写单行文字的功能。用这种方法书写文字时，文字字高会随着输入字数的增多而逐渐变小，从而使字体未能按预设的字高显示，这显然不符合我国制图国家标准的要求。

现以书写标题栏中的校名、班别文字为例，介绍具体的操作步骤。

选择菜单栏“绘图→文字→单行文字”命令，在命令行会出现如下提示信息。

```
命令：_ dtext
当前文字样式：“长仿宋体”　文字高度：10.00　注释性：否
指定文字的起点或［对正 (J)/样式 (S)]：j↙
输入选项［对齐 (A)/布满 (F)/居中 (C)/中间 (M)/右对齐 (R)/左上 (TL)/中上 (TC)/右上 (TR)/左中 (ML)/正中 (MC)/右中 (MR)/左下 (BL)/中下 (BC)/右下 (BR)]：A↙　　//选择 a 或 f 项均可
指定文字基线的第一个端点：(在图 3-12 的 A 点位置处单击鼠标左键)
指定文字基线的第二个端点：<正交 开>(在图 3-12 的 B 点位置处单击鼠标左键)
```

打开中文输入法，在图 3-12 所示光标闪动点输入单位名称和班别，如“广西机电职院 × ×班”（在输入过程中观察到字体随着字数的增多而由大变小，这是正常现象）；关闭中文输入法，双击 <回车> 键结束“单行文字”命令。在指定的两点之间书写单行文字的操作结果如图 3-12 所示。

(图名)			比例	数量	材料	图号
制图	李明	2012.3	A 广西机电职院 × ×班 B			
审核						

图 3-12　在指定的两点之间书写单行文字的操作结果

5. 多行文字的创建与编辑

(1) 创建多行文字　多行文字又称为段落文字，可以由两行以上的文字组成。在工程制图中，常使用多行文字创建较为复杂的文字说明，如技术要求等。

选择菜单栏“绘图→文字→多行文字”命令，或者单击“文字”工具栏中的“多行文字”按钮A，此时在命令行会出现如下提示信息（在操作界面出现文字输入区域如图 3-13 所示）。

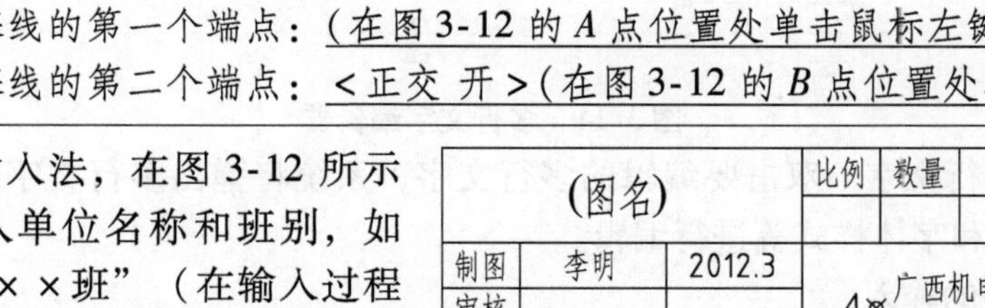

图 3-13　文字输入区域

命令：_ mtext 当前文字样式："长仿宋体"　文字高度：5　注释性：否
指定第一角点：(指定图 3-13 的 *A* 点)
指定对角点或［高度（H）/对正（J）/行距（L）/旋转（R）/样式（S）/宽度（W）/栏（C）］：(指定图 3-13 的 *B* 点)

系统随后弹出多行文字编辑器，如图 3-14 所示。多行文字编辑器分为"文字格式"和"文字显示"两部分。在多行文字编辑器"文字显示"栏中输入相关文字后，再选中"技术要求"字样，使其处于蓝色背景，更改文字的高度为"7"，单击"确定"按钮，完成多行文字的注写。

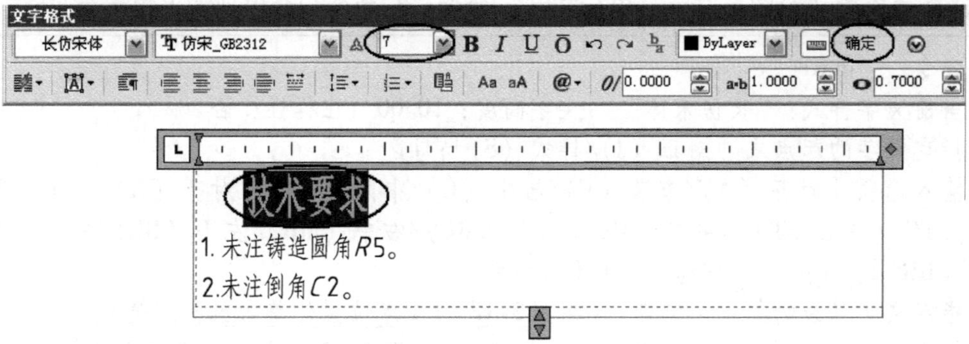

图 3-14　多行文字编辑器

（2）编辑多行文字　双击要编辑的多行文字，系统将弹出多行文字编辑器，可对文字的内容、字高和字体样式等进行编辑。

6. 特殊字符的输入

在绘制工程图样时，有时需要输入一些特殊的字符，如角度符号"°"、直径符号"ϕ"、正负号"±"等，可以在图 3-15 所示的多行文字编辑器中，单击"符号"按钮 @▾，

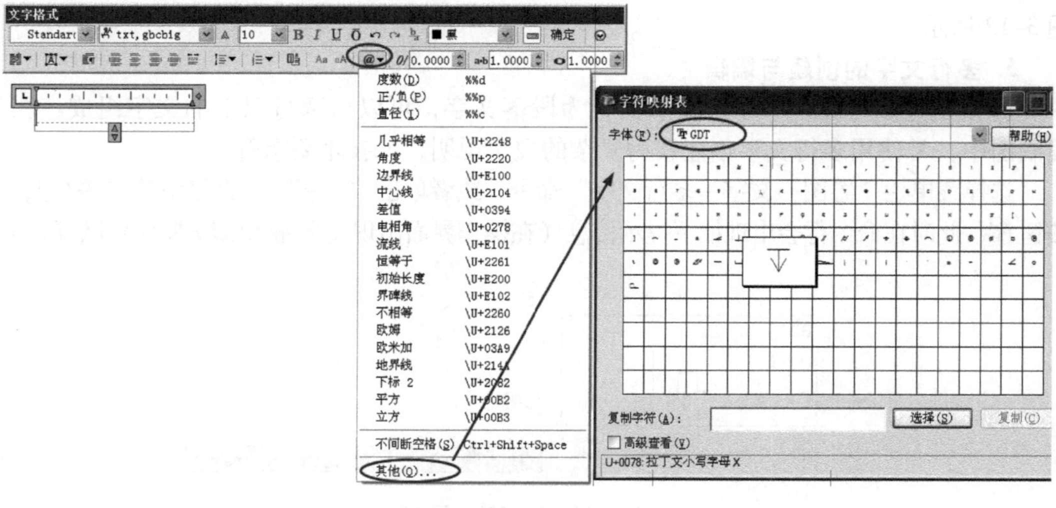

图 3-15　调用特殊字符

在弹出的“符号”下拉列表框中选择需要的字符。“符号”下拉列表框中未直接列出的特殊字符，则需要在“其他（O）…”选项中通过“字符映射表”（图 3-15）进行查找和调用。

例如，柱状沉孔符号⌴、锥状沉孔符号⌵、孔深符号↧等字符的注写方法如下。

1）单击按钮A调用“多行文字”命令，系统弹出多行文字编辑器。

2）在文字编辑器中单击@▾按钮，从弹出的“符号”下拉列表框中选“其他（O）…”选项。

3）随后系统弹出“字符映射表”对话框，在“字体”下拉列表框中选择GDT字体（图3-15）。

4）在“字符映射表”中双击需要的字符，再单击☒按钮关闭“字符映射表”对话框。

5）系统自动返回多行文字编辑器，单击鼠标右键，在弹出的快捷菜单中选“粘贴”选项，则所选字符出现在多行文字编辑器中。

6）单击“确定”按钮，即可标注出所选的字符。

任务 3.2　尺寸标注样式的设置方法

3.2.1　任务要求

设置符合制图国家标准的尺寸标注样式。

3.2.2　实施步骤

AutoCAD 公制样板图 acadiso. dwt 默认的标注样式有 ISO—25 和 Standard，其中 ISO—25 样式基本符合我国制图国家标准的要求，只需对其中几项进行重新设定。

1. 设置主尺寸标注样式“jixie”

1）选择菜单栏“格式→标注样式”命令，打开“标注样式管理器”对话框。单击“新建”按钮后，按图 3-16 所示的步骤，创建样式名为“jixie”的标注样式作为主尺寸样式，默认其他选项。单击“继续”按钮，此时出现图 3-17 所示的“新建标注样式”对话框。

2）单击“线”选项卡，按图 3-17 所示进行设置。

3）单击“符号和箭头”选项卡，按图 3-18 所示进行设置。

4）单击“文字”选项卡，按图 3-19 所示进行设置。

5）单击“调整”选项卡，按图 3-20 所示进行设置。

6）单击“主单位”选项卡，根据图样需要，选取对应的线性标注精度和角度标注精度，具体设置如图 3-21 所示。

7）其他两项“换算单位”和“公差”选项卡不需设置。

至此，样式名为“jixie”的主尺寸标注样式设置完成。单击“确定”按钮，返回

“标注样式管理器”对话框。

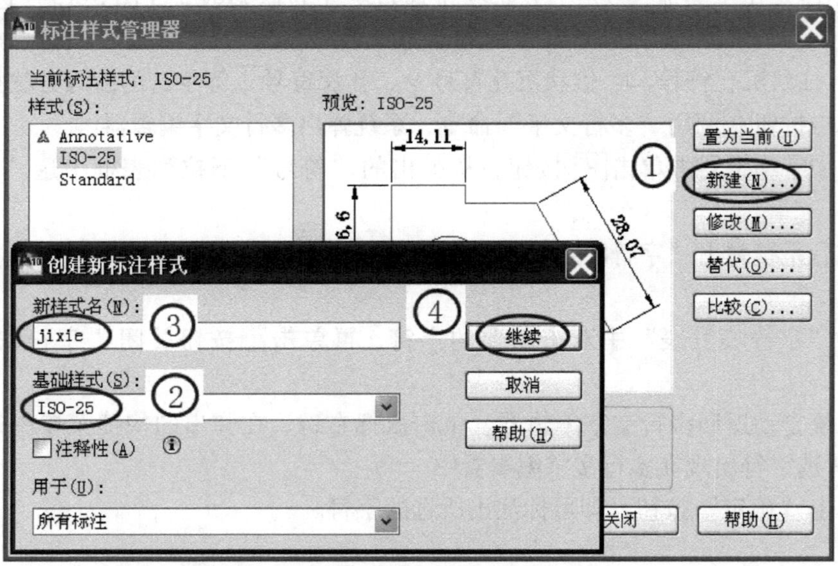

图 3-16　在“标注样式管理器”对话框中创建“jixie”主尺寸样式

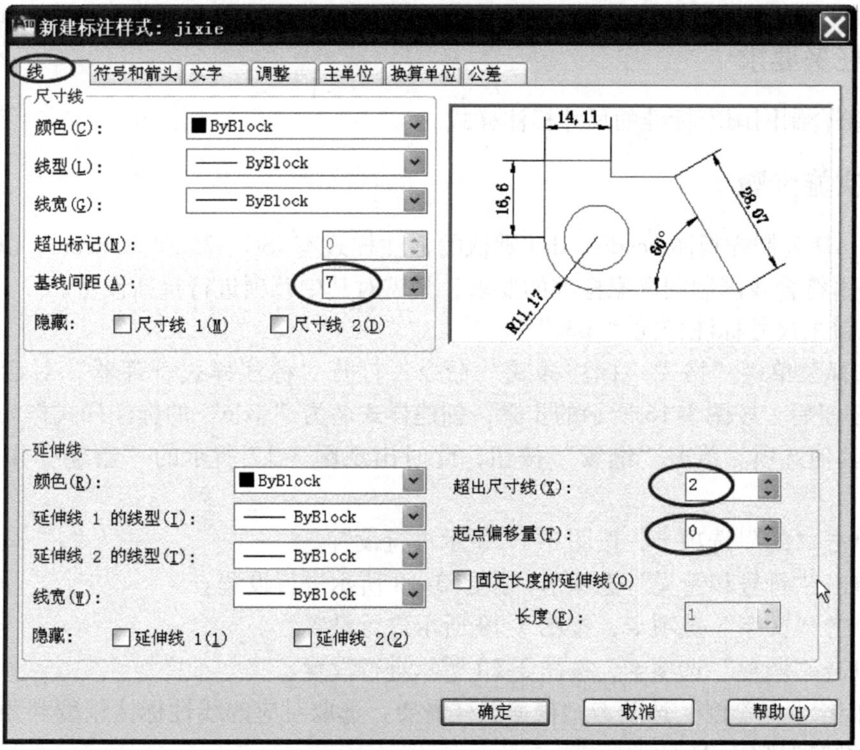

图 3-17　“新建标注样式”对话框——“线”选项卡的设置

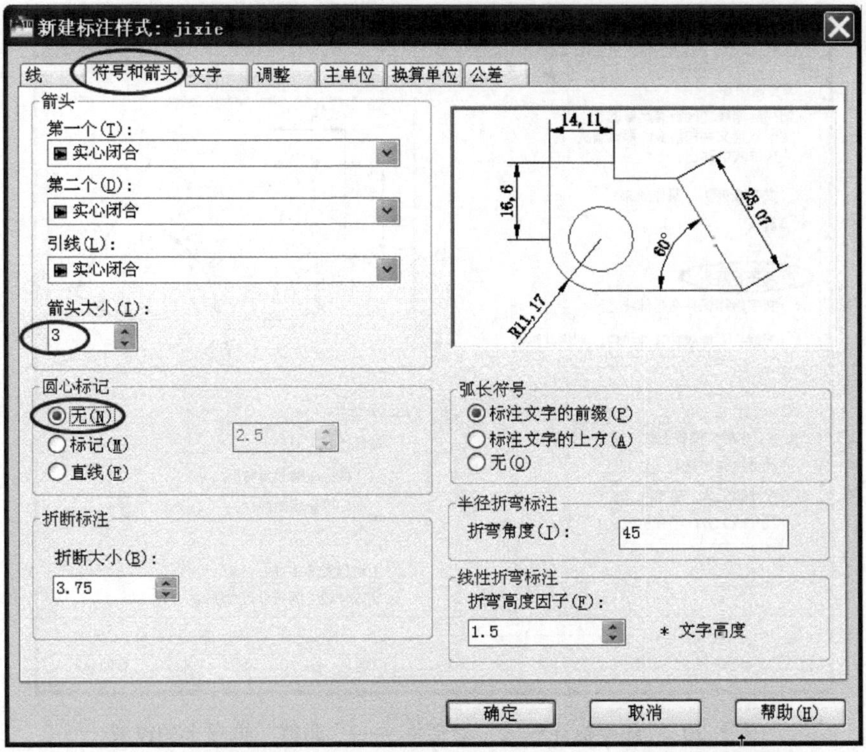

图 3-18 “新建标注样式”对话框——“符号和箭头”选项卡的设置

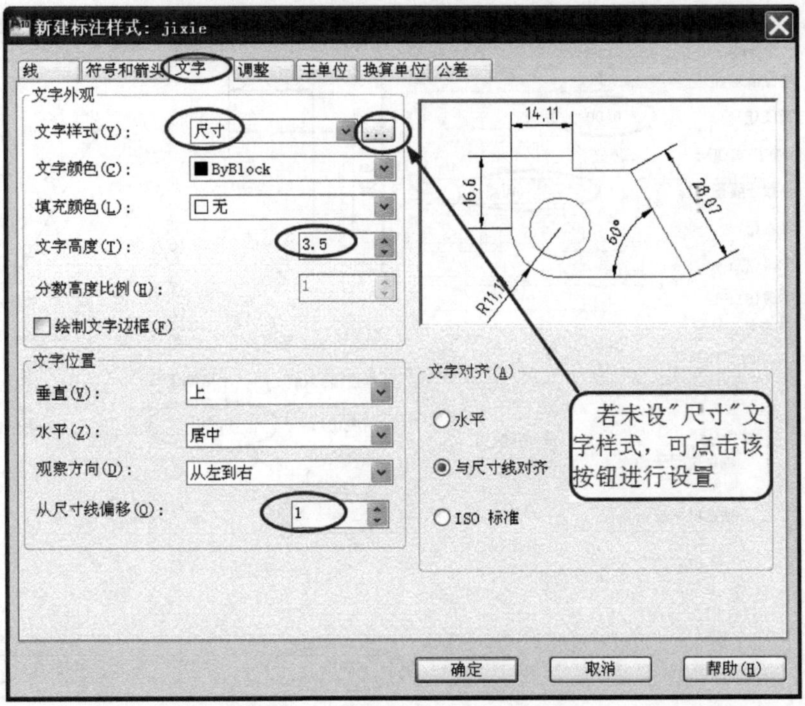

图 3-19 “新建标注样式”对话框——“文字”选项卡的设置

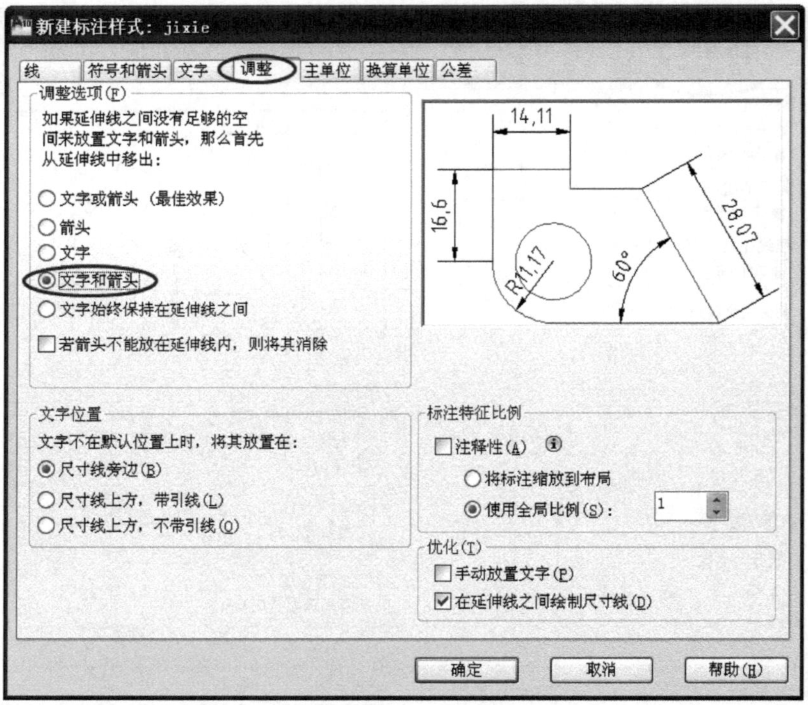

图 3-20 “新建标注样式”对话框——“调整”选项卡的设置

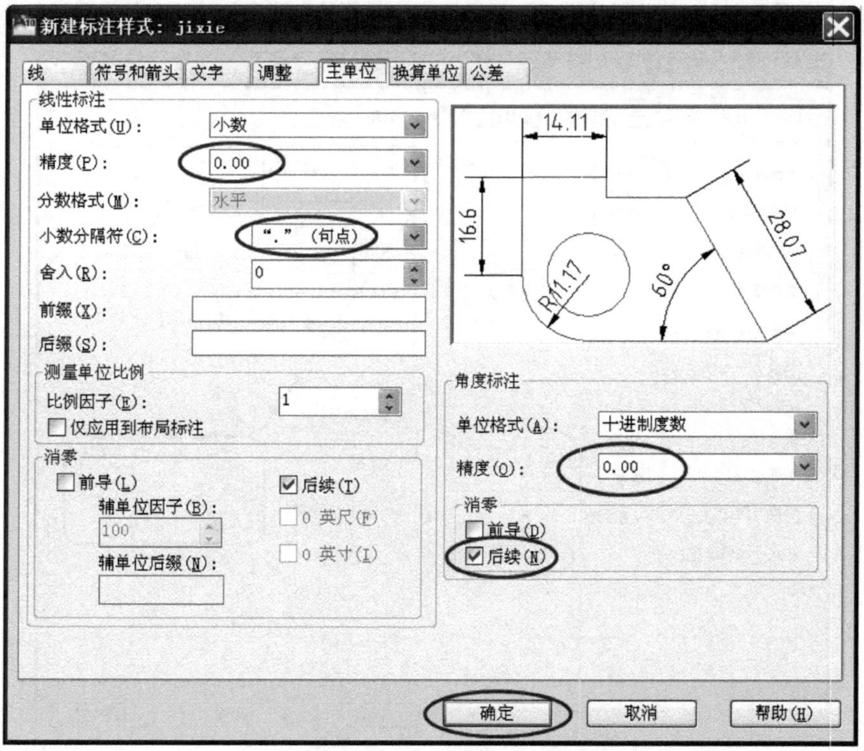

图 3-21 “新建标注样式”对话框——“主单位”选项卡的设置

2. 设置水平标注尺寸的子样式

制图国家标准中规定，角度的数字一律按水平方向注写，因此需要在“jixie”主尺寸标注样式下继续设置用于角度标注的子样式。如果需要将直径（或半径）尺寸进行水平标注，也可以加设直径（或半径）尺寸标注子样式。

标注“角度”、“直径”尺寸时，AutoCAD先按子尺寸标注样式进行标注，如无子尺寸样式，则按主尺寸标注样式标注尺寸。

（1）设置角度标注子样式的步骤　在“标注样式管理器”对话框中，单击“新建”按钮，出现“创建新标注样式”对话框，其中的新建“角度标注”子样式如图3-22所示。选择“基础样式”为“jixie”，在“用于”下拉列表中选择“角度标注”，单击“继续”按钮，在系统弹出的对话框中单击“文字”选项卡（图3-23），选择“文字对齐”为“水平”，单击“确定”按钮返回“标注样式管理器”对话框。此时在对话框左方的样式窗口中，在“jixie”主样式下出现了“角度标注”子样式，如图3-24所示。

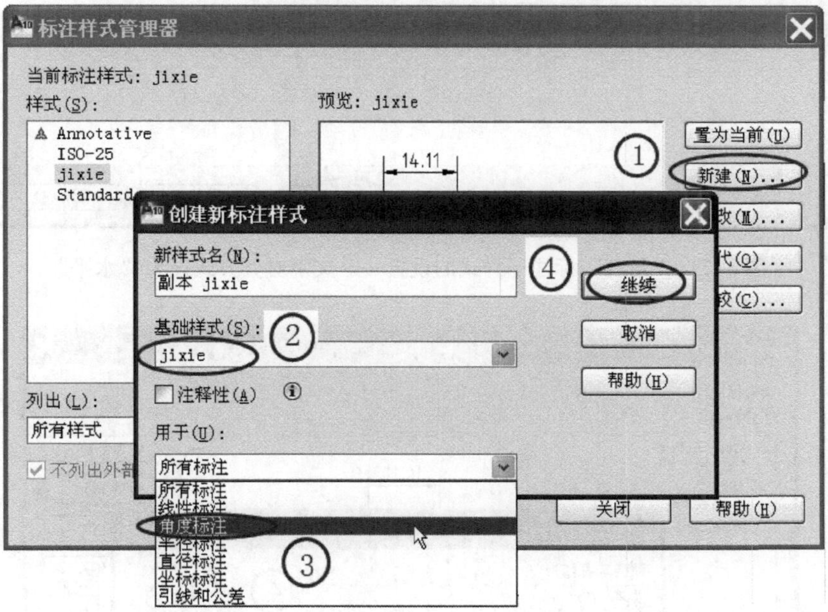

图3-22　新建“角度标注”子样式

（2）设置直径标注子样式的步骤　继续在“标注样式管理器”对话框中单击“新建”按钮，出现“创建新标注样式”对话框。选择“基础样式”为“jixie”，在“用于”下拉列表中选择“直径标注”（图3-24）；单击“继续”按钮，在弹出的对话框中单击“文字“选项卡（图3-25），文字对齐方式设为“水平”；单击“调整”选项卡（图3-26），勾选“手动放置文字”复选框，再单击“确定”按钮返回“标注样式管理器”对话框，则新建“直径”子样式出现在“标注样式管理器”对话框中左方“jixie”主样式下。标注样式设置的最终结果如图3-27所示。

同理，如有必要，还可以设置用于水平标注的“半径”尺寸标注子样式，步骤略。

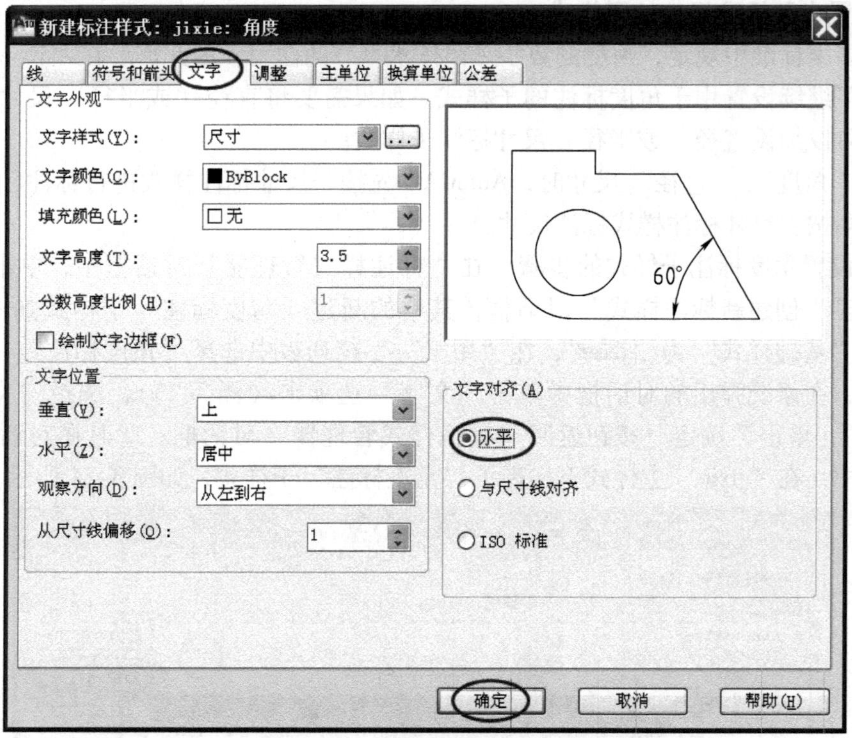

图 3-23 “角度”标注子样式的设置——文字对齐方式设为“水平”

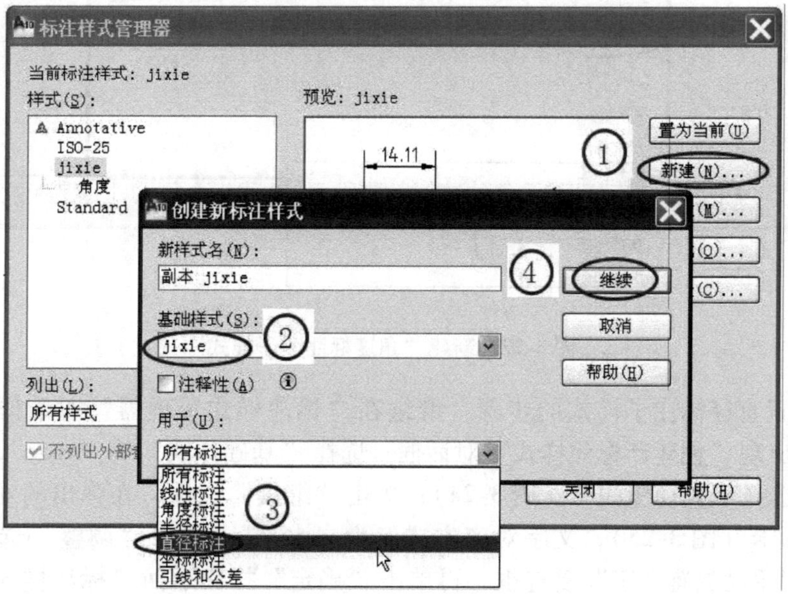

图 3-24 新建“直径标注”子样式

在“标注样式管理器”对话框中选取“jixie”样式，单击“置为当前”按钮，将其设为当前标注样式。再单击“关闭”按钮退出对话框，从而完成尺寸标注样式的设置。

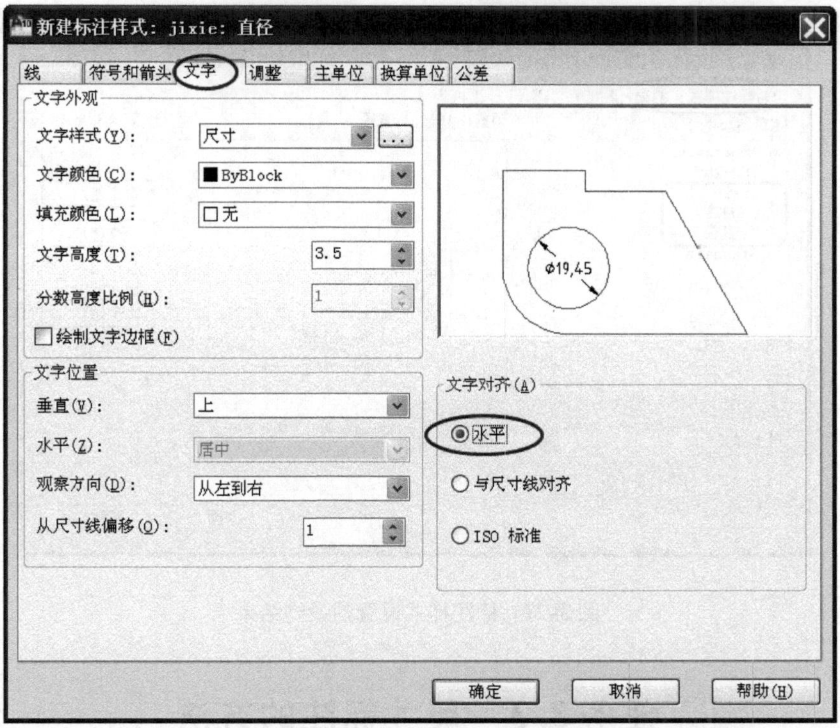

图 3-25 “直径”标注子样式的设置——文字对齐方式设为“水平”

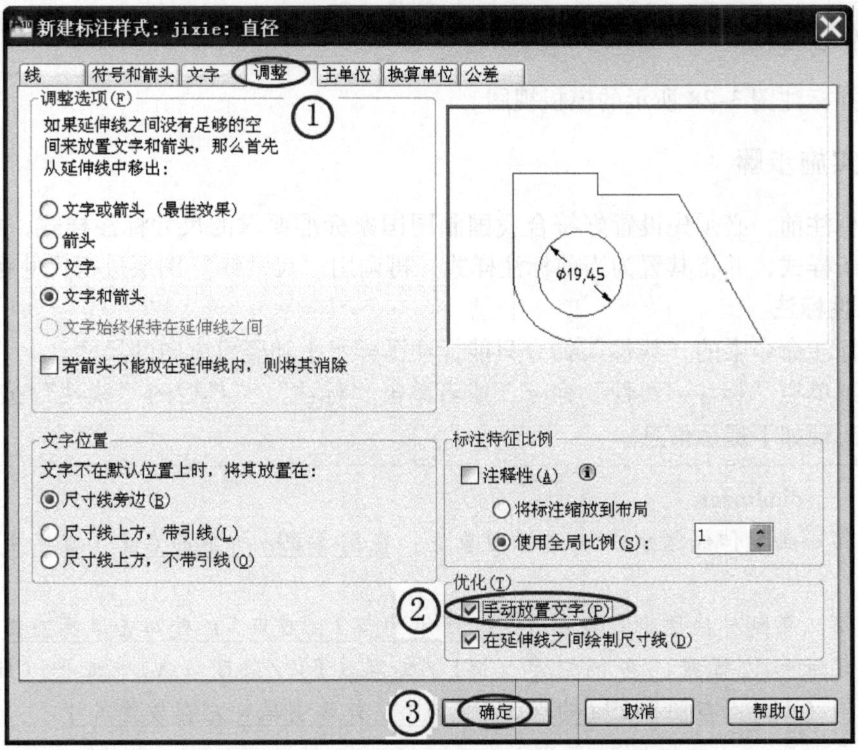

图 3-26 “直径”标注子样式的设置——手动放置尺寸数字

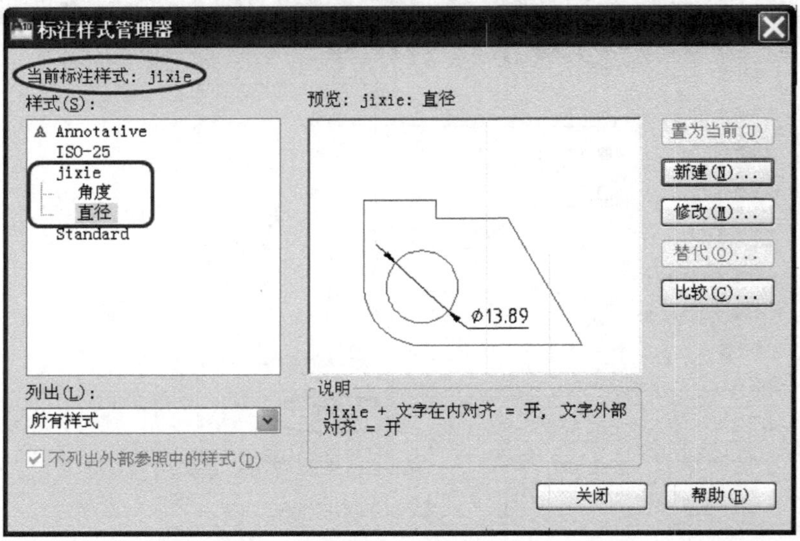

图 3-27　标注样式设置的最终结果

任务 3.3　尺寸标注的方法

3.3.1　任务要求

绘制并标注图 3-28 所示的模板视图。

3.3.2　实施步骤

尺寸标注前，必须先设置好符合我国制图国家标准要求的尺寸标注样式，如“jixie”样式及其子样式，并将其置为当前标注样式，再调用“尺寸线”图层进行尺寸标注。

1. 线性标注

尺寸标注命令中的“线性”命令只能标注图样水平和竖直方向的尺寸。

选择菜单栏“标注→线性”命令，或者单击“标注”工具栏的“线性”按钮，在命令行会出现如下提示信息。

命令：_ dimlinear

指定第一条延伸线原点或 <选择对象>：在图 3-29a 所示的点 1（或点 4）处单击鼠标左键

指定第二条延伸线原点：在图 3-29a 所示的点 2（或点 5）处单击鼠标左键

指定尺寸线位置或 [多行文字（M）/文字（T）/角度（A）/水平（H）/垂直（V）/旋转（R）]：在图 3-29a 的点 3（或点 6）处单击鼠标左键放置尺寸

标注结果如图 3-29b 所示。

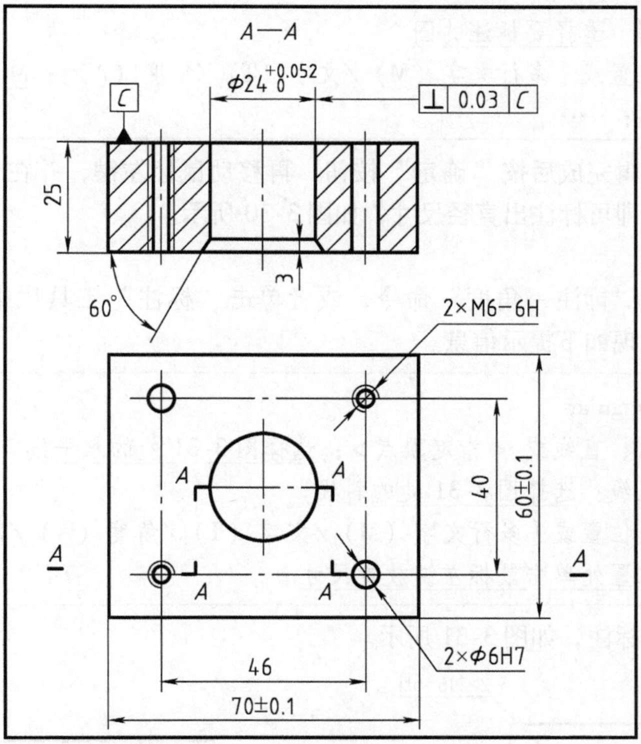

图 3-28　模板视图

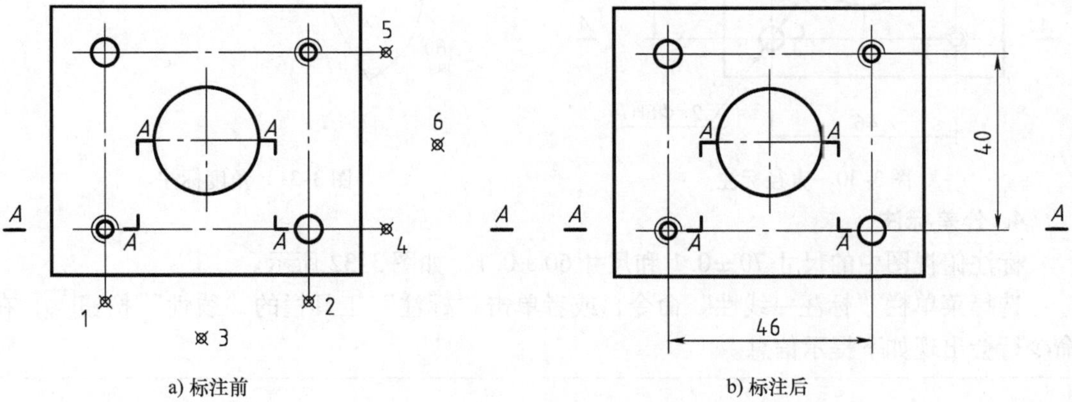

图 3-29　线性标注

2. 直径标注

选择菜单栏“标注→直径”命令，或者单击“标注”工具栏中的“直径”按钮⊘，在命令行会出现如下提示信息。

命令：_ dimdiameter
选择圆弧或圆：选择要标注的圆
指定尺寸线位置或［多行文字（M）/文字（T）/角度（A）］：M↙
输入尺寸文本：……

文字输入或编辑完成后按“确定”按钮，再移动鼠标左键，并在合适的位置单击鼠标右键放置尺寸，即可标注出直径尺寸，如图 3-30 所示。

3. 角度标注

选择菜单栏的“标注→角度”命令，或者单击“标注”工具栏中的“角度”按钮，在命令行会出现如下提示信息。

命令：_ dimangular
选择圆弧、圆、直线或 <指定顶点>：选择图 3-31 处的水平线
选择第二条直线：选择图 3-31 处的斜线
指定标注弧线位置或［多行文字（M）/文字（T）/角度（A）/象限点（Q）］：移动鼠标，在适当位置处单击鼠标左键放置尺寸

完成角度尺寸标注，如图 3-31 所示。

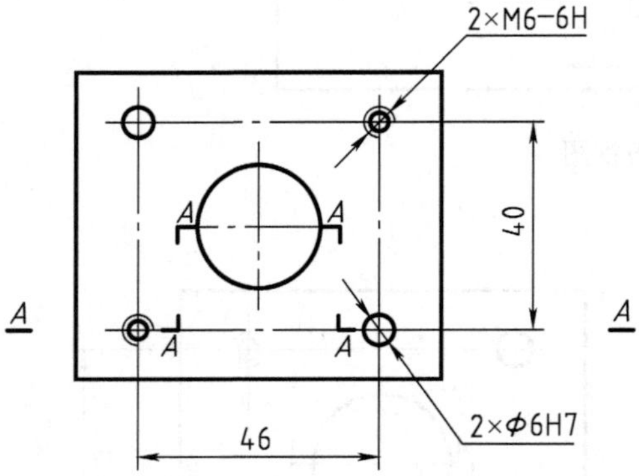

图 3-30　直径标注

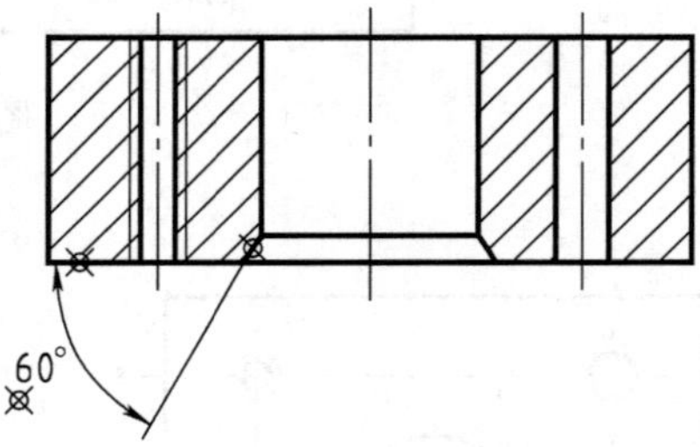

图 3-31　角度标注

4. 公差标注

标注俯视图中的尺寸 70±0.1 和尺寸 60±0.1，如图 3-32 所示。

选择菜单栏“标注→线性”命令，或者单击“标注”工具栏的“线性”按钮，在命令行会出现如下提示信息。

命令：_ dimlinear
指定第一条延伸线原点或 <选择对象>：在图 3-32 的点 1 处单击鼠标左键
指定第二条延伸线原点：在图 3-32 的点 2 处单击鼠标左键
指定尺寸线位置或［多行文字（M）/文字（T）/角度（A）/水平（H）/垂直（V）/旋转（R）］：M↙

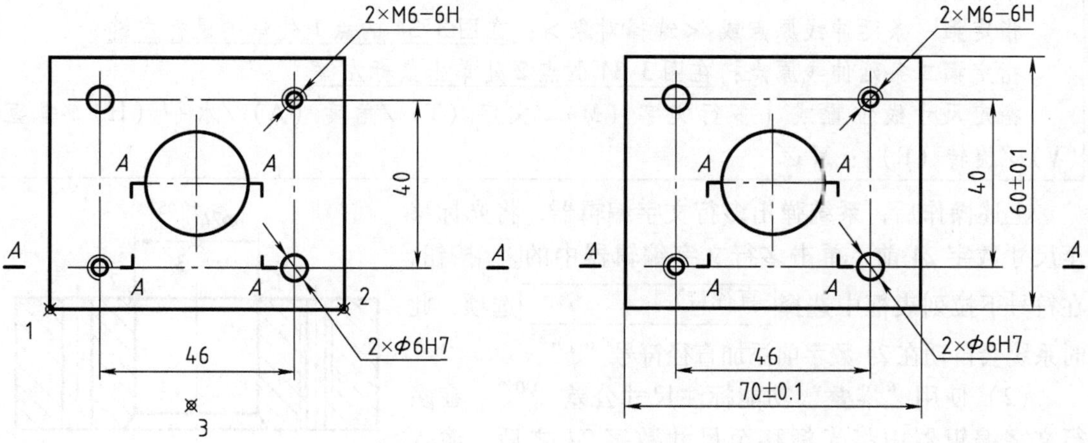

a) 标注前　　b) 标注后

图 3-32　标注公差尺寸

上述操作后，系统弹出多行文字编辑器，将光标移至数字 70 之后，单击多行文字编辑器中的@▾按钮（见图 3-33），在弹出的符号列表框中选择 正/负(P)　%%p 选项后，在多行文字编辑器中立即显示出“±”符号，键盘输入 0.1 后，单击多行文字编辑器右上角的“确定”按钮，单击鼠标左键放置尺寸，即可标注出尺寸 70±0.1。

同理，尺寸 60±0.1 也按上述方法标注。

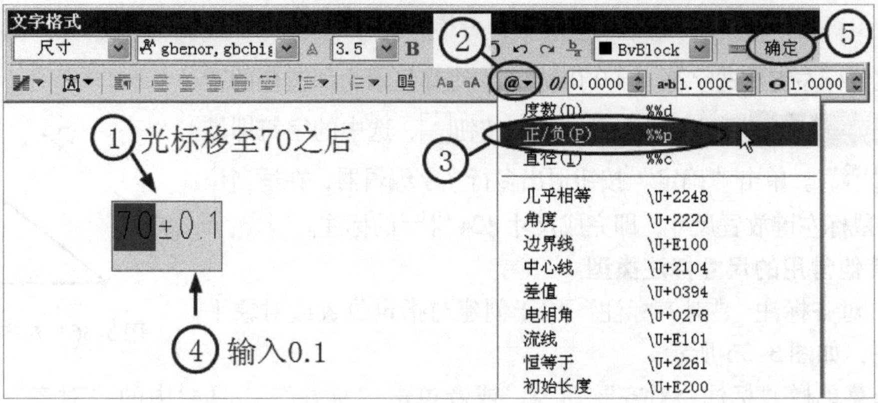

图 3-33　尺寸 70±0.1 的标注

5. 堆叠文字标注

标注主视图中的尺寸 $\phi 24^{+0.052}_{\ 0}$，如图 3-34 所示，具体操作如下所述。

（1）在尺寸数字 24 前添加直径符号“ϕ”。选择菜单栏“标注→线性”命令，或者单击“标注”工具栏的“线性”按钮，在命令行会出现如下提示信息。

命令：_ dimlinear
指定第一条延伸线原点或 <选择对象>：在图 3-34 的点 1 处单击鼠标左键
指定第二条延伸线原点：在图 3-34 的点 2 处单击鼠标左键
指定尺寸线位置或 [多行文字 (M) /文字 (T) /角度 (A) /水平 (H) /垂直 (V) /旋转 (R)]：M↙

上述操作后，系统弹出多行文字编辑器，将光标移至尺寸数字 24 前，单击多行文字编辑器中的 @▾ 按钮，在符号下拉列表框中选择 直径(I) %%c 选项，此时系统会自动在 24 数字前添加直径符号“ϕ”。

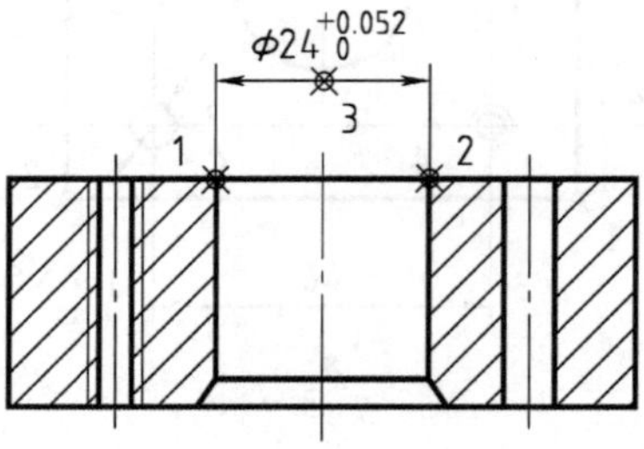

图 3-34　堆叠文字标注

（2）使用“堆叠”功能标注尺寸公差 $^{+0.052}_{0}$　在多行文字编辑器中将光标移至尺寸数字 24 之后，输入“+0.052^ 0”，如图 3-35 所示（堆叠符号“^”通过组合键 <shift 键 + 数字键 6> 注写出）。注意，下偏差数值 0 之前应输入一个空格。

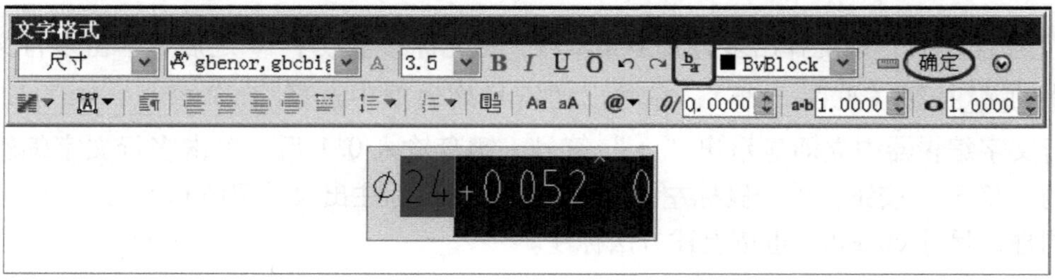

图 3-35　选择要堆叠的字符

按住鼠标左键框选字符“+0.052^ 0”，使其显示为深蓝色的背景，如 Φ24+0.052^ 0 所示。单击“堆叠”按钮，选中的字符即堆叠成“$^{+0.052}_{0}$”。单击“确定”按钮退出多行文字编辑器，在适当位置处单击鼠标左键放置尺寸，即完成尺寸 $\phi 24^{+0.052}_{0}$ 的标注。

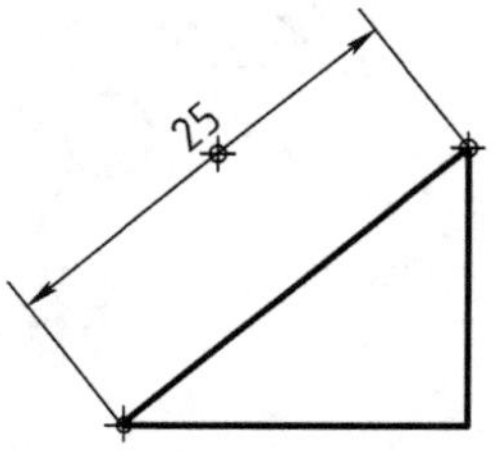

图 3-36　对齐标注

6. 其他常用的尺寸标注类型

（1）对齐标注　“对齐标注”用于创建与指定位置或对象平行的标注，如图 3-36 所示。

选择菜单栏“标注→对齐”命令，或者单击“标注”工具栏中的“对齐”按钮，即可调用“对齐标注”命令，调用命令后，在命令行会出现如下提示信息。

命令：_ dimaligned
指定第一条延伸线原点或 <选择对象>：
选择标注对象：
指定尺寸线位置或 [多行文字 (M) /文字 (T) /角度 (A)]：

（2）半径标注　选择菜单栏“标注→半径”命令，或者单击“标注”工具栏中的“半径”按钮，即可调用“半径标注”命令。半径标注如图3-37所示。调用命令后，在命令行会出现如下提示信息。

命令：_ dimradius
选择圆弧或圆：
指定尺寸线位置或［多行文字（M）/文字（T）/角度（A）］：

（3）弧长标注　“弧长标注”用于测量圆弧或多段线圆弧段上的距离。为了区别“线性”标注和“角度”标注，在默认情况下，弧长标注将显示一个圆弧符号，如图3-38所示。

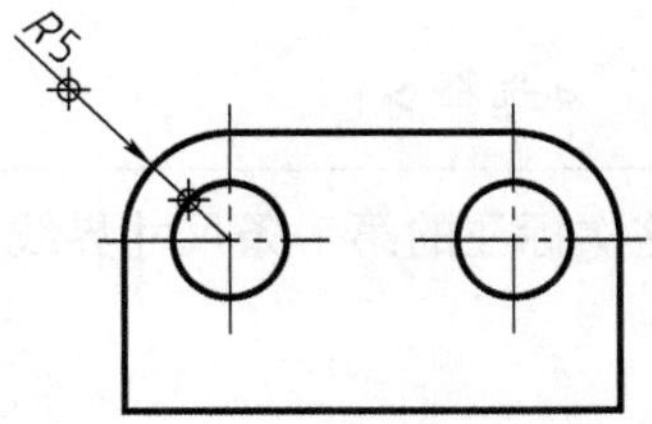

图3-37　半径标注

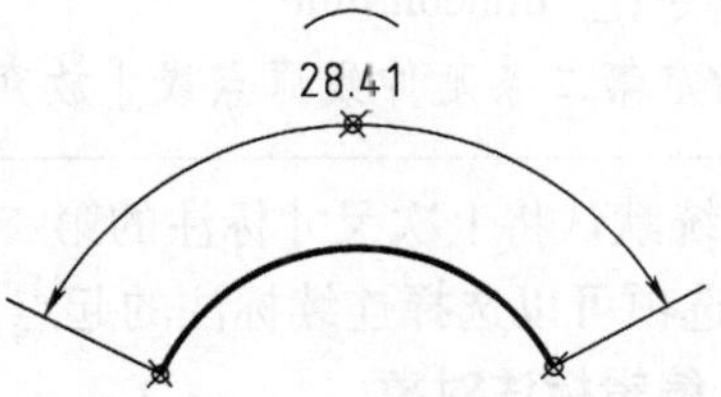

图3-38　弧长标注

选择菜单栏“标注→弧长”命令，或者单击“标注”工具栏中的“弧长”按钮，即可调用“弧长标注”命令。调用命令后，在命令行会出现如下提示信息。

命令：_ dimarc
选择弧线段或多段线圆弧段：
指定弧长标注位置或［多行文字（M）/文字（T）/角度（A）/部分（P）/引线（L）］：

以上提示信息中，“部分（P）”选项，可以标注选定圆弧的某一部分的弧长。

（4）基线标注　“基线标注”是源自同一基线处测量的多个标注，如图3-39所示。在创建基线标注之前，必须创建“线性”、“对齐”或“角度”标注。

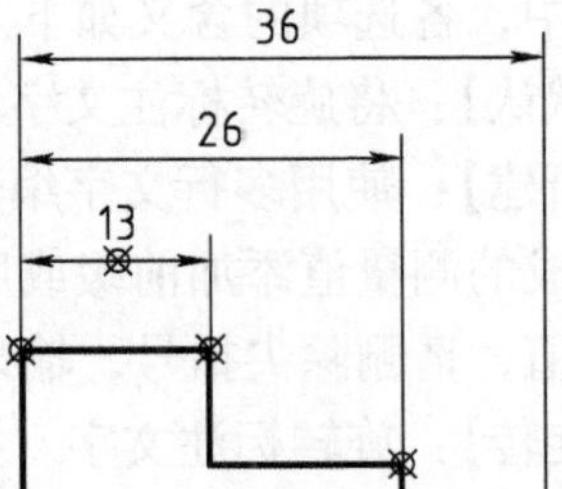

图3-39　基线标注

选择菜单栏“标注→基线”命令，或者点击“标注”工具栏中的“基线”按钮，即可调用“基线标注”命令。调用命令后，在命令行会出现如下提示信息。

命令：_ dimbaseline
指定第二条延伸线原点或［放弃（U）/选择（S）］<选择>：

系统默认将上次尺寸标注的第一条尺寸界线作为这次标注的第一条尺寸界线，“选择（S）”选项可以选择基线标注的起点。

（5）连续标注　“连续标注”是首尾相连的多个标注，如图 3-40 所示。

选择菜单栏“标注→连续”命令，或者单击“标注”工具栏中的“连续”按钮，即可调用“连续标注”命令。调用命令后，在命令行会出现如下提示信息。

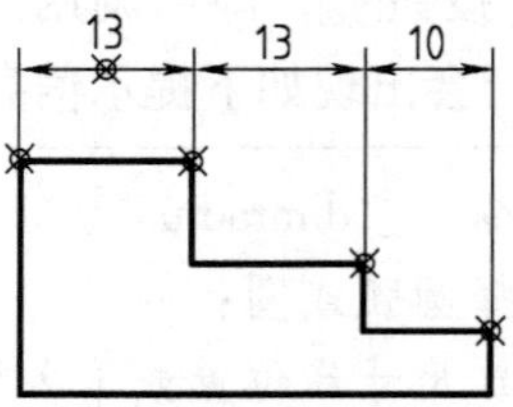

图 3-40　连续标注

```
命令：_ dimcontinue
指定第二条延伸线原点或［放弃（U）/选择（S）］<选择>：
```

系统默认将上次尺寸标注的第二条尺寸界线作为这次标注的第一条尺寸界线，“选择（S）”选项可以选择连续标注的起点。

7. 编辑标注对象

在 AutoCAD 中，可以对已标注对象的文字、位置及样式等内容进行编辑。常用的编辑命令有以下几种。

（1）编辑标注　创建标注后，可以编辑标注文字和延伸线。

选择菜单栏“标注→倾斜”命令，或者单击“标注”工具栏中的“编辑标注”按钮，即可调用“编辑标注”命令。调用命令后，在命令行会出现如下提示信息。

```
命令：_ dimedit
输入标注编辑类型［默认（H）/新建（N）/旋转（R）/倾斜（O）］<默认>：
```

其中，各选项的含义如下。

【默认】：将旋转标注文字移回默认位置。

【新建】：使用多行文字编辑器更改标注文字。用尖括号“< >”表示生成的测量值。要给生成的测量值添加前缀或后缀，请在尖括号前后输入前缀或后缀。要编辑或替换生成的测量值，请删除尖括号，输入新的标注文字，然后选择“确定”。

【旋转】：旋转标注文字。指定标注文字的角度时输入 0，系统会将标注文字按默认方向放置。

【倾斜】：调整线性标注延伸线的倾斜角度。

（2）编辑标注文字　创建标注后，可以移动和旋转标注文字并重新定位尺寸线。

选择菜单栏“标注→对齐文字”命令，或者单击“标注”工具栏中的“编辑标注文字”按钮，即可调用“编辑标注文字”命令。调用命令后，在命令行会出现如下提示信息。

```
命令：_ dimtedit
选择标注：
为标注文字指定新位置或［左对齐（L）/右对齐（R）/居中（C）/默认（H）/角度（A）］：
```

其中，各选项的含义如下。

【标注文字的位置】：拖曳时动态更新标注文字的位置。

【左对齐（L）】：沿尺寸线左对正标注文字。此选项只适用于“线性”、“半径”和“直径”标注。

【右对齐（R）】：沿尺寸线右对正标注文字。此选项只适用于“线性”、“半径”和“直径”标注。

【居中（C）】：将标注文字放在尺寸线的中间。

【默认（H）】：将标注文字移回默认位置。

【角度（A）】：修改标注文字的角度。

（3）标注更新　该命令用于创建和修改标注样式，使其采用当前的标注样式。

选择菜单栏“标注→更新”命令，或者单击“标注”工具栏中的“标注更新”按钮，即可调用“标注更新”命令。调用命令后，在命令行会出现如下提示信息。

```
命令：_ dimstyle
当前标注样式：Standard# 注释性：否
输入标注样式选项［注释性（AN）/保存（S）/恢复（R）/状态（ST）/变量（V）/应用（A）/?］<恢复>：
选择对象：
```

任务3.4　几何公差与基准的标注

3.4.1　任务要求

完成图3-41所示的几何公差与基准的标注。

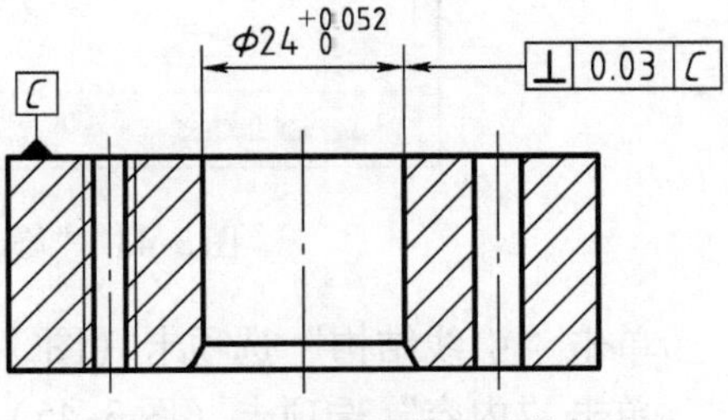

图3-41　几何公差与基准的标注

3.4.2　实施步骤

1. 设置多重引线样式

选择菜单栏“格式→多重引线样式”命令，系统弹出“多重引线样式管理器”对话框，如图3-42所示。单击“新建”按钮，系统弹出“创建新多重引线样式”对话框，在“新样式名”中输入样式名，如“形位公差⊖专用引线样式”，单击“继续”按钮。

⊖　软件未按新标准。

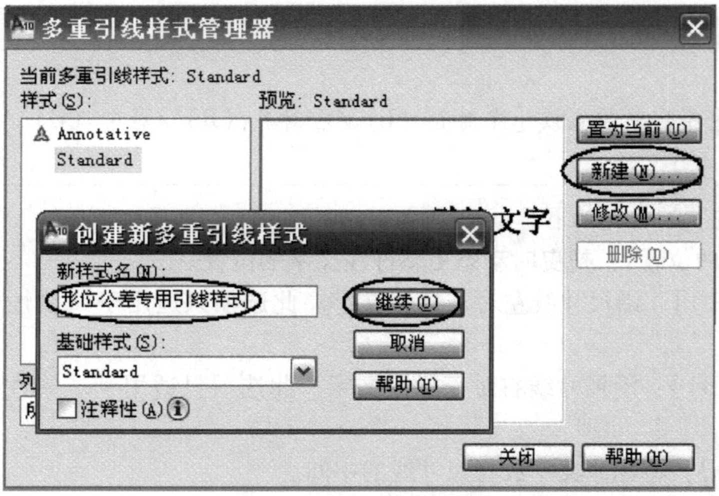

图 3-42 “多重引线样式管理器”对话框

此时系统弹出“修改多重引线样式”对话框（图 3-43），修改“引线格式”选项卡中的箭头大小为“3”，与尺寸标注样式中设置的箭头大小保持一致。

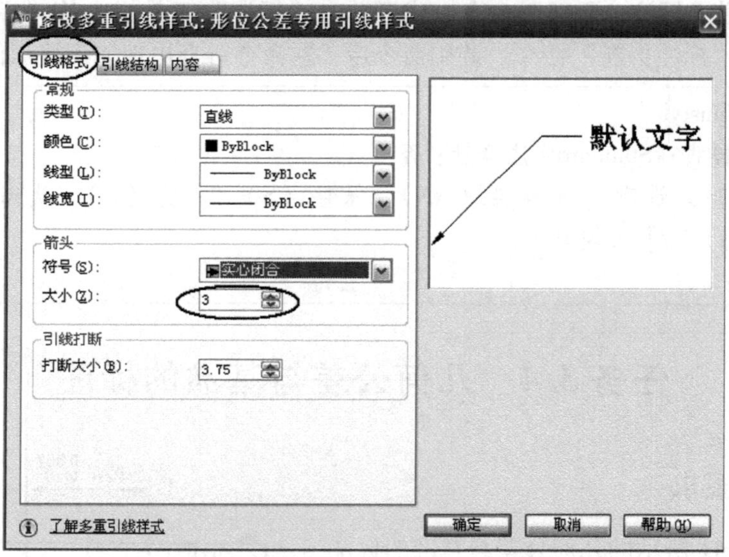

图 3-43 “修改多重引线样式”对话框的设置

单击“引线结构”选项卡（图 3-44），取消“自动包含基线”前的勾选。

单击“内容”选项卡（图 3-45），多重引线类型设置为“无”，单击“确定”按钮返回“多重引线样式管理器”对话框。设置最终引线样式如图 3-46 所示。单击“置为当前”按钮，再单击“确定”按钮退出对话框。

此时“引线”工具栏上出现当前所用的引线样式——“形位公差专用引线样式” 

。

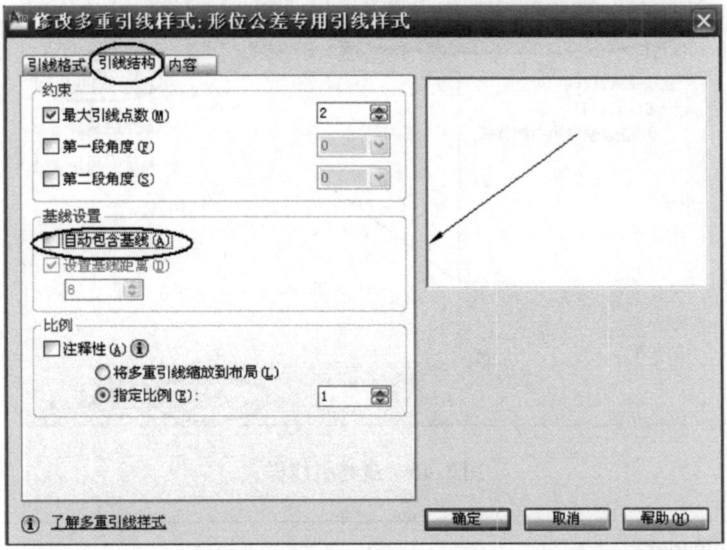

图 3-44 “引线结构”选项卡的设置

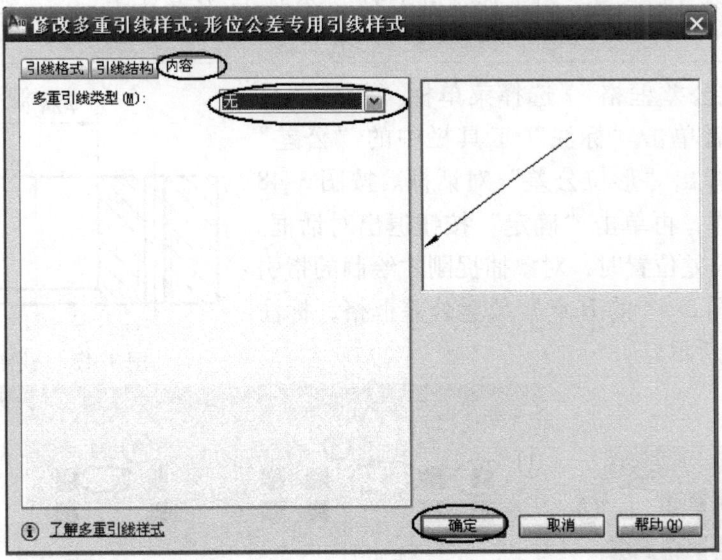

图 3-45 “内容”选项卡的设置

2. 标注几何公差的方法

方法 1：用“多重引线”命令和“公差”命令进行标注。

（1）标注带箭头的指引线　选择菜单栏“标注→多重引线”命令，在命令行会出现如下提示信息。

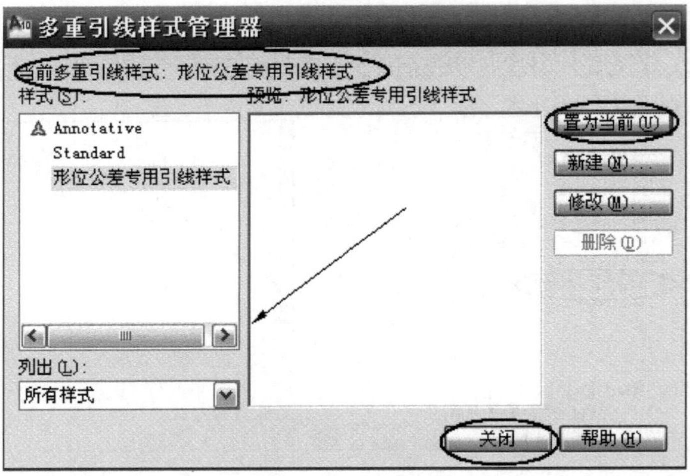

图 3-46　最终引线样式

命令：_ mleader

指定引线箭头的位置或［引线基线优先（L）/内容优先（C）/选项（O）］<选项>:

指定引线基线的位置：<u>用鼠标在图 3-47 所示的 *A*、*B* 点处单击，从而绘制出一条水平指引线</u>

（2）标注公差框格　选择菜单栏“标注→公差”命令，或者单击“标注”工具栏中的“公差”按钮，系统弹出“形位公差”对话框。按图 3-48 所示的步骤操作，再单击“确定”按钮退出对话框。系统提示输入公差位置时，对象捕捉刚才绘制的指引线末端点（即图 3-47 的 *B* 点）放置公差框格，标注结果如图 3-49 所示。

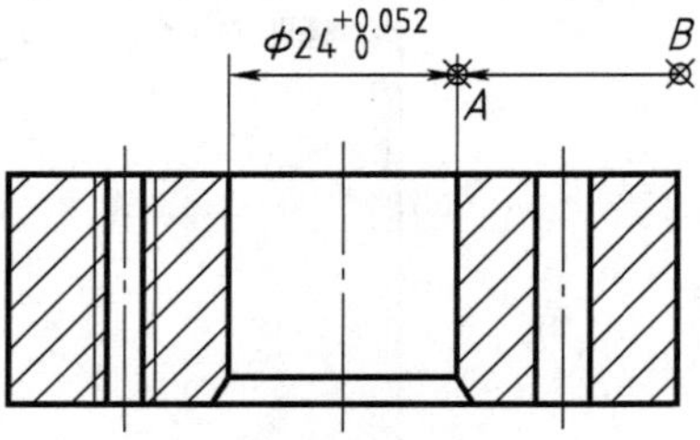

图 3-47　绘制指引线

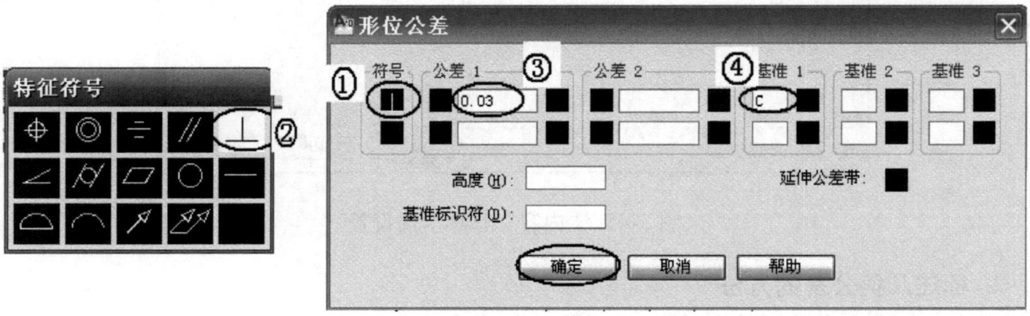

图 3-48　“形位公差”及“特征符号”对话框的设置

方法 2：使用 LEADER 命令直接标注。用此方法无需先建立指引线，在命令行中输入 LEADER 后，单击<回车>键，在命令行会出现如下提示信息。

命令：LEADER
指定引线起点：//指定指引线箭头放置点
指定下一点：//指定指引线远离箭头的端点
指定下一点或［注释(A)/格式(F)/放弃(U)］<注释>：<u><回车></u>//默认<注释>
输入注释文字的第一行或 <选项>：<u><回车></u>//默认<选项>
输入注释选项［公差（T）/副本（C）/块（B）/无（N）/多行文字（M）］<多行文字>：<u>T↙</u>

上述操作后，系统也弹出如图 3-48 所示的“形位公差”对话框，依图中所示的步骤操作，单击“确定”按钮退出该对话框，标注结果也如图 3-49 所示。

比较两种方法，方法 2 较为简单，但用户需要记住命令 LEADER。

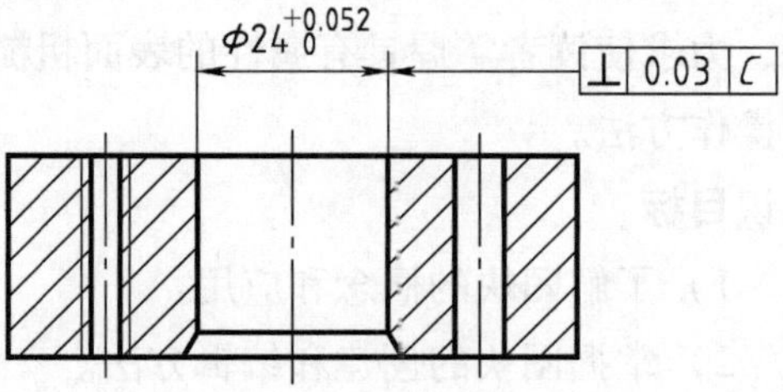

图 3-49 几何公差标注结果

3. 基准符号的绘制

基准符号由基准方格（边长为 $2h=7$mm 的细实线正方形）和基准三角形（三角形边长约为 3mm 左右，内部涂黑或空白均可）组成，两者用细实线相连，连线的长度可自行确定，基准方格内大写字母的字高 $h=3.5$mm，如图 3-50 所示。

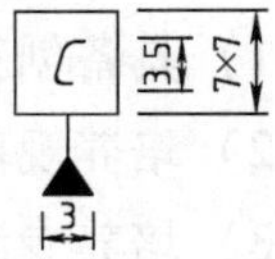

图 3-50 基准符号

基准符号的绘制步骤如下，如图 3-51 所示。

1）调用“细实线”图层，绘制边长为 7mm 的正方形。

2）以正方形底边中点为端点，绘制长为 3mm 的竖直线。

3）使用“极轴追踪”功能（极轴角设为 30°），绘制边长为 3mm 的正三角形。

4）调用“剖面线”图层，使用“图案填充”命令填充三角形，图案选 SOLID。

5）调用“文本”图层，书写基准方格内的大写字母，字高为 3.5mm。

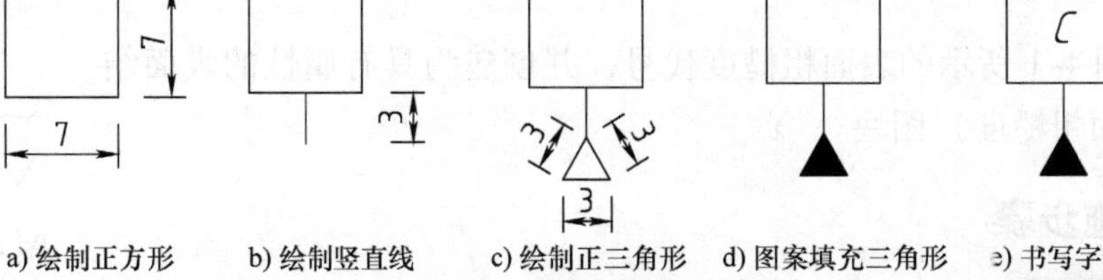

a) 绘制正方形　b) 绘制竖直线　c) 绘制正三角形　d) 图案填充三角形　e) 书写字母

图 3-51 基准符号的绘制

绘图武林外传之第三回

第 4 单元　图　　块

在工程图中常常有一些重复出现的符号或结构，如表面粗糙度代号、标题栏、标准件等。为了提高绘图速度，在 AutoCAD 中，常把这些符号或结构创建为图块。使用图块可以提高绘图速度，节省存储空间，便于修改图形并能够为其添加属性。通过本单元的训练，力求使读者掌握具有属性的表面粗糙度图块的创建过程，以及图块的插入、编辑属性等操作方法。

知识目标

1）了解图块的概念和应用。

2）掌握图块的创建和编辑方法。

能力目标

1）能够进行图块的创建和管理。

2）能够正确创建表面粗糙度图块，并进行属性定义。

素质目标

1）具备创新精神和自主学习能力。

2）培养规范的操作和认真细致的学习态度。

3）培养专注执着、精益求精的工匠精神。

任务 4.1　创建具有属性的表面粗糙度图块

4.1.1　任务要求

绘制如图 4-1 所示的表面粗糙度代号，并创建为具有属性的表面结构代号（表面粗糙度）图块。

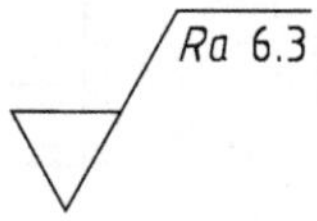

图 4-1　表面粗糙度代号

4.1.2　实施步骤

1. 打开文件

打开“A4 图框和标题栏 . dwg”文件，将“尺寸线“图层置为当前图层。

2. 按照我国的制图国家标准，绘制表面结构代号，如图 4-2 所示，操作步骤如下。

1）画一条长度为 20mm 的水平直线。

2）用“偏移”命令分别向上、向下各偏移5mm，得到另两条直线，如图4-3所示。

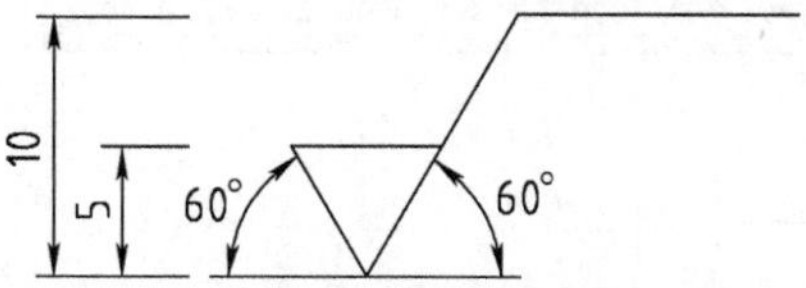

图4-2　加工表面的表面结构代号

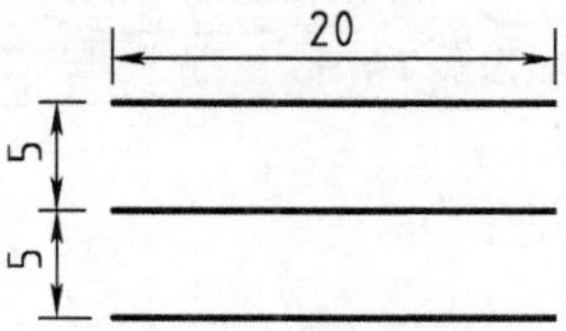

图4-3　偏移直线

3）设置极轴角为30°，并打开“极轴追踪”功能。

在表面结构代号中与水平线成60°的斜线，可使用极轴追踪功能绘制。为方便操作，设置极轴角时，可从系统预设的极轴增量角数值中选择30°增量角，即可在以30°为倍数的极轴追踪线上找到所需的60°角度线），设置方法如下所述。

在状态栏上鼠标右键单击“极轴追踪”按钮，弹出如图4-4所示的快捷菜单，单击“30”、“启用”和“使用图标”选项。

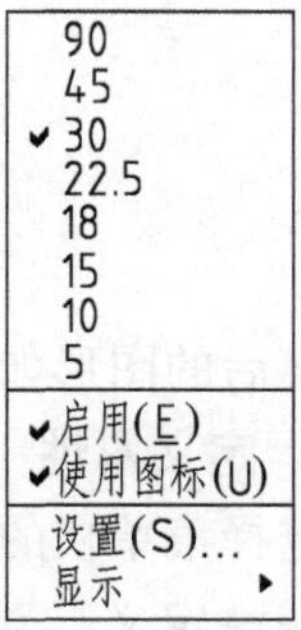

图4-4　“极轴追踪”设置快捷菜单

4）绘制表面结构代号。用“直线”命令配合“极轴追踪”功能，从中间直线的左端点开始画图，经“修剪”、“删除”操作后，得到的表面结构代号如图4-5所示。

3. 书写文字“*Ra*”

选择菜单栏“绘图→文字→多行文字”命令，指定书写范围如图4-6所示。

在弹出的多行文字编辑器中，设置文字样式为“尺寸”，文字高度设为3.5。在多行文字编辑器中书写出文字“*Ra*”如图4-7所示。单击“确定”按钮退出“文字格式”对话框。

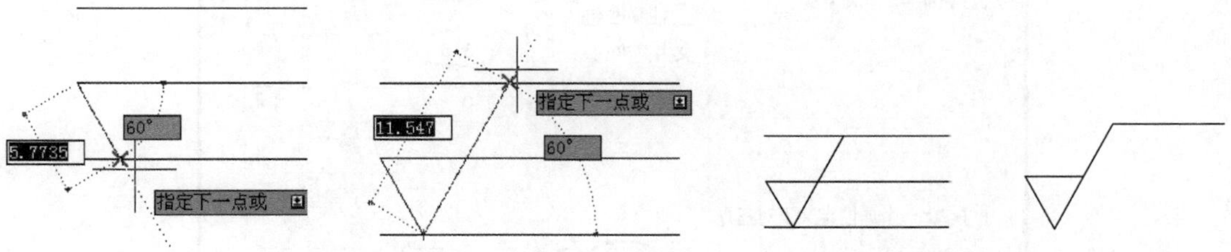

a) 绘制左边60°斜线　　b) 绘制右边60°斜线　　c) 初始图形　　d)“修剪”、“删除”图线

图4-5　表面结构代号的创建过程

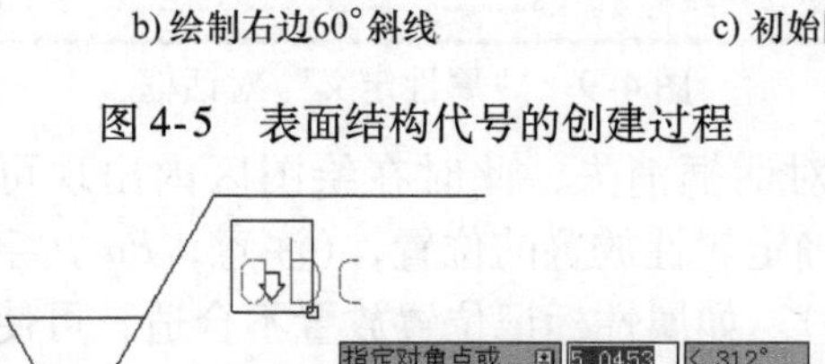

图4-6　指定文字的书写范围

若文字位置放置不正确，可使用“移动”命令或者“夹点”功能调整文字位置。添

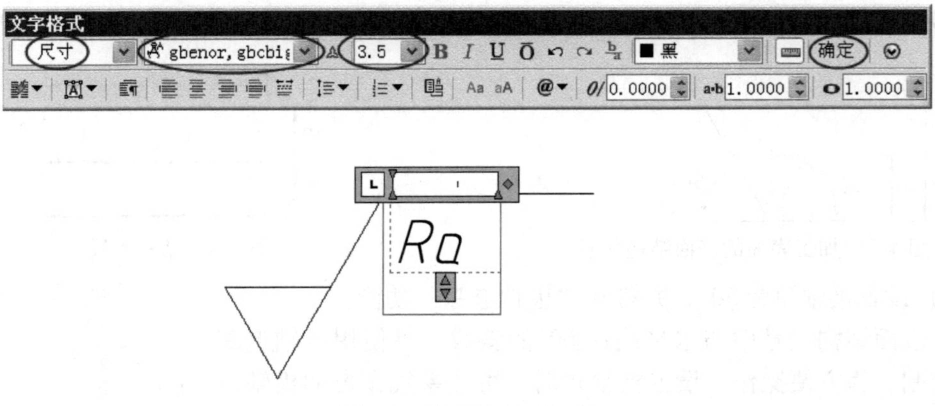

图 4-7　书写文字“*Ra*”

加文字后的图形如图 4-8 所示。

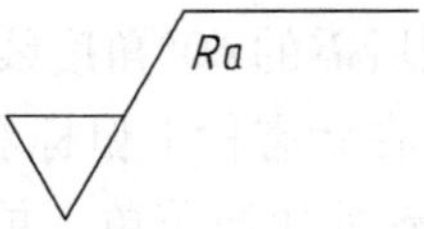

图 4-8　添加文字后的图形

4. 定义属性

选择菜单栏的“绘图→块→定义属性”命令后，系统会弹出“属性定义”对话框，按图 4-9 所示的参数修改选项。

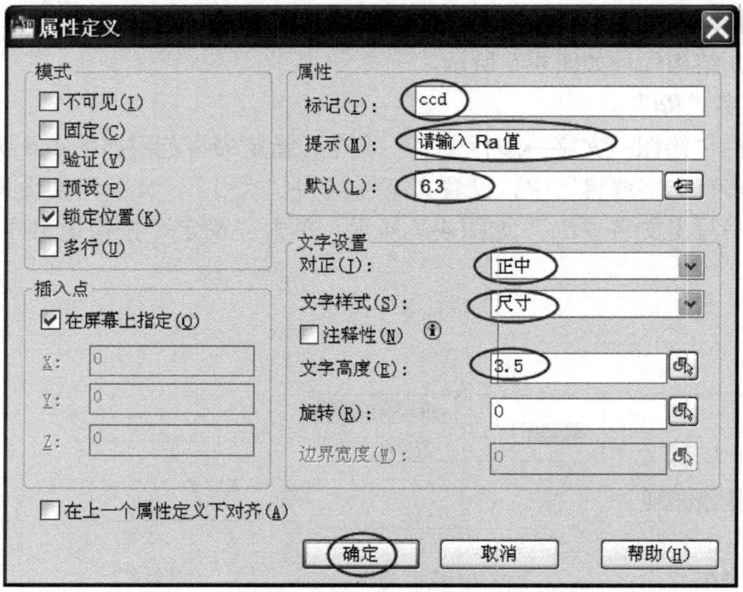

图 4-9　“属性定义”对话框

单击“确定”按钮后对话框消失，此时在绘图区内出现可拖动的标记代号，单击鼠标左键确定属性放置的位置，(注意，*Ra* 文字与属性标记 CCD 之间应留一空格)。如属性标记位置放置不合适，可使用“移动”命令或者“夹点”功能将其调整到恰当位置。完成的定义属性的图形如图 4-10 所示。

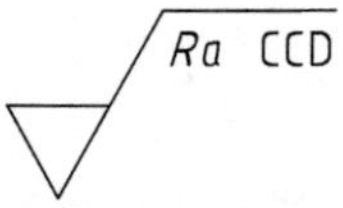

图 4-10　定义属性的图形

5. 创建图块

选择菜单栏“绘图→块→创建”命令，会出现“块定义”对话框，按照图 4-11 所示的步骤进行创建图块（BLOCK 命令）的操作。

在“名称”框中输入“表面结构代号 1”；单击“拾取点”按钮，系统返回绘图区域；选择符号的最下方尖角点作为插入的基点；单击“选择对象”按钮，选择具有属性的表面结构代号；单击“确定”按钮，则创建出图 4-1 所示图块。

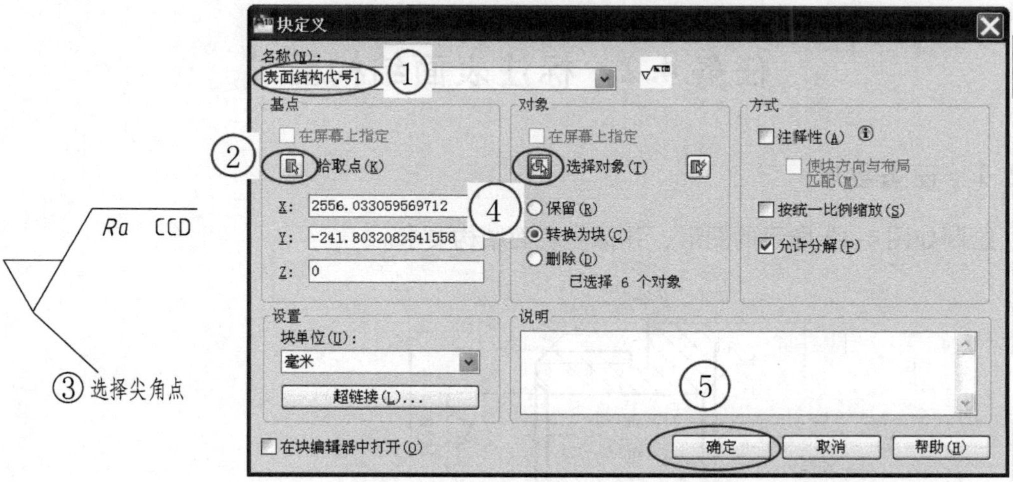

图 4-11 “块定义”对话框

注：用“创建块”命令生成的图块仅供本图形文件使用，这种图块称为“内部块”。要使图块也可用于其他图形文件，还应创建一个“外部块”文件，即存储块。

6. 块存盘

使用“块存盘”（WBLOCK）命令可以将块以文件的形式写入硬盘。键盘输入命令：WBLOCK↙，出现“写块”对话框，如图 4-12 所示。

图 4-12 “写块”对话框

由于已经在当前文件创建了“表面结构代号 1”图块，故在创建图块文件时，在“源”选项区选择“块”选项，块名选择“表面结构代号 1”，单击…按钮指定图块文件的保存路径。单击“确定”按钮后完成图块文件的创建。随后可以观察到所创建的图块文件在界面左上角闪现并很快消失，此时系统已将该图块文件保存在用户指定的路径下。

任务 4.2　标注表面结构要求

4.2.1　任务要求

绘制如图 4-13 所示的图形，并标注表面结构要求。

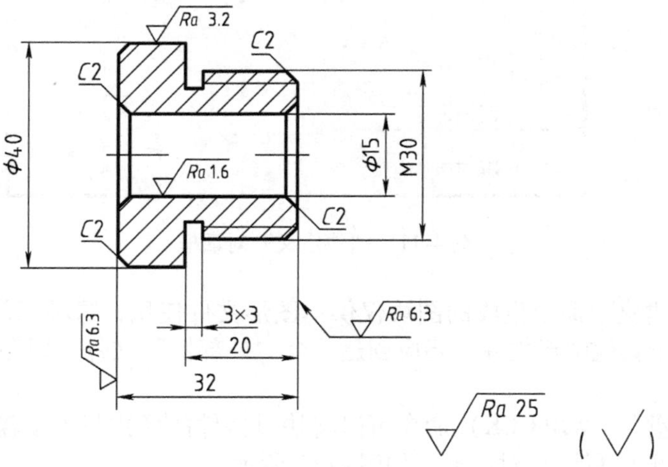

图 4-13　标注表面结构要求

4.2.2　实施步骤

1. 打开文件

打开“A4 图框和标题栏 . dwg”文件，换名存盘，并绘制图 4-13 所示的图形。

2. 在当前图层标注表面结构要求

（1）将尺寸线图层置为当前图层，标注 ϕ40 外圆柱表面处的 Ra 3.2　选择菜单栏“插入→块”命令，系统弹出图 4-14 所示的“插入”对话框，单击 浏览(B)... 按钮，在保存路径下找到任务 4.1 创建的“表面结构代号 1”图块文件；单击“打开”按钮返回对话框，单击“确定”按钮退出对话框。利用“最近点”模式捕捉 ϕ40 外圆表面的最上方轮廓素线上的一点 Ra 6.3，按命令行的提示：“请输入 *Ra* 值 <6. 3 >:”，输入 3. 2 并 <回车>。

（2）标注 ϕ15 内孔表面处的 Ra 1.6　重复“插入”命令，直接单击“确定”按钮退出对话框。利用“最近点”模式捕捉 ϕ15 内孔表面的最下轮廓素线上的一点，按命令行

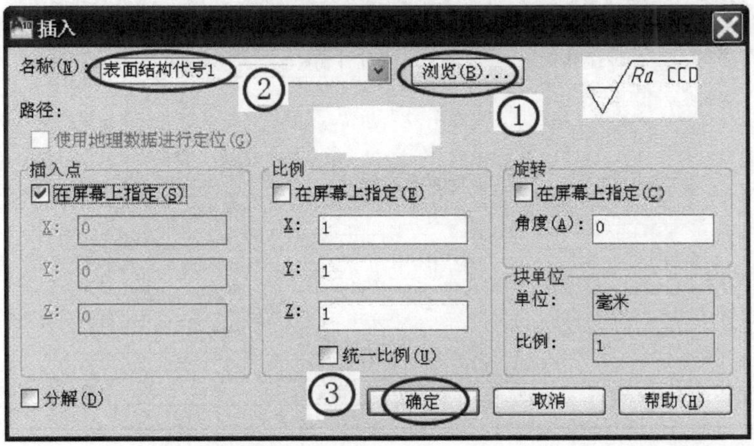

图 4-14 “插入”对话框

的提示，输入 1.6 并 < 回车 >。标注结果如图 4-15a 所示。

若所标注的表面结构代号中的数字被零件的轴线穿越或太靠近，则不符合制图国家标准的规定，可调用“打断”命令将轴线断开（打断点为图 4-15b 所示的 *A*、*B* 点），使表面结构代号的数字清晰显示。

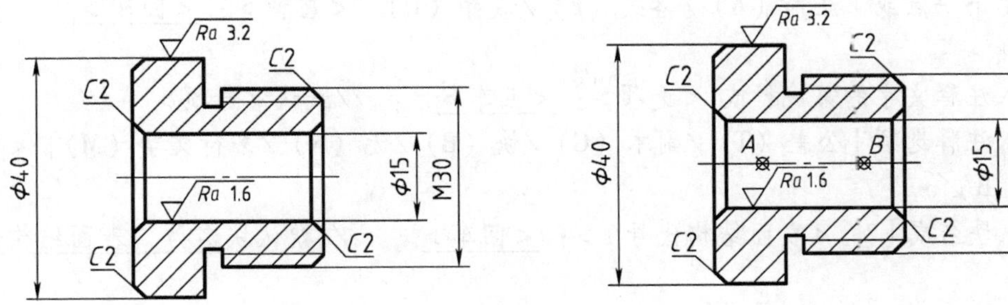

a) 标注代号与轴线太紧凑　　b) 在 *A*、*B* 两点打断轴线

图 4-15 标注代号与图线太紧凑的处理

（3）标注零件左端面处的 Ra 6.3　选择菜单栏“插入→块”命令，在弹出的“插入”对话框中，图块名称仍选“表面结构代号 1”，在对话框的“角度”栏输入“90”后（图 4-16），单击“确定”按钮退出对话框。利用“最近点”模式捕捉需放置的图线上的一点，直接 < 回车 > 即可完成标注。

（4）标注零件右端面处带指引线的 Ra 6.3　在命令行中输入 LEADER 后，单击 < 回车 > 键，在命令行会出现如下提示信息。

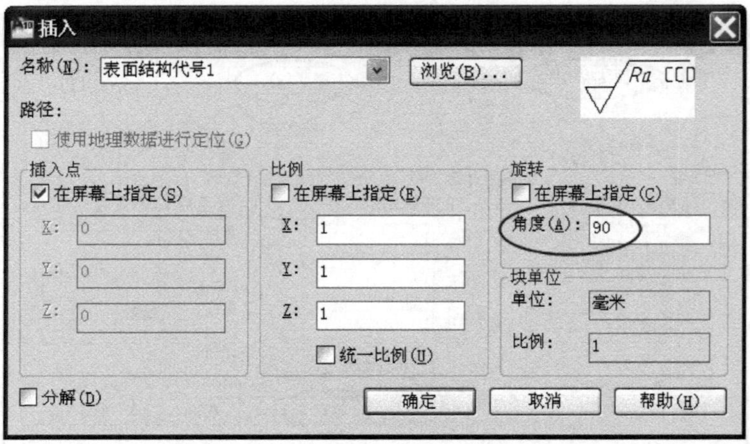

图 4-16　在“插入”对话框中设置图块的旋转角度

命令：LEADER

指定引线起点：在图 4-17 的 *A* 点位置处单击　　//指定指引线箭头放置点

指定下一点：在图 4-17 的 *B* 点位置处单击　//指定指引线的转折点

指定下一点：正交模式下在图 4-17 的 *C* 点单击　　//指定指引线末端点

指定下一点或 [注释 (A) /格式 (F) /放弃 (U)] <注释>：<回车>　　//默认 <注释>

输入注释文字的第一行或 <选项>：<回车>　　//默认 <选项>

输入注释选项 [公差 (T) /副本 (C) /块 (B) /无 (N) /多行文字 (M)] <多行文字>：B↙

输入块名或 [?] <表面结构代号 1>：<回车>　　//默认块名为“表面结构代号 1”

单位：毫米 转换：1.00

指定插入点或 [基点 (B) /比例 (S) /X/Y/Z/旋转 (R)]：单击鼠标左键指定图块的插入点

输入 X 比例因子，指定对角点，或 [角点 (C) /XYZ (XYZ)] <1>：<回车>　//默认 X 比例因子为 1

输入 Y 比例因子或 <使用 X 比例因子>：<回车>　　//默认 Y 比例因子同 X 比例因子，为 1

指定旋转角度 <0>：<回车>　　//默认旋转角度为 0

输入属性值

请输入 Ra 值 <6.3>：<回车>　　//默认 6.3

引线标注表面结构代号的结果如图 4-17 所示。

(5) 标注√Ra 25 (√) 选择菜单栏“插入→块”命令，在图样右下方位置处标注出代号√Ra 25。

调用“多行文字”命令，在√Ra 25后面书写出一对括号字符“(　　)”，括号中间加几个空格，“文字样式”设置为“尺寸”，字高设为“10”。若字符位置不合适则可编辑字符位置。书写括号字符的结果如图 4-18a 所示。

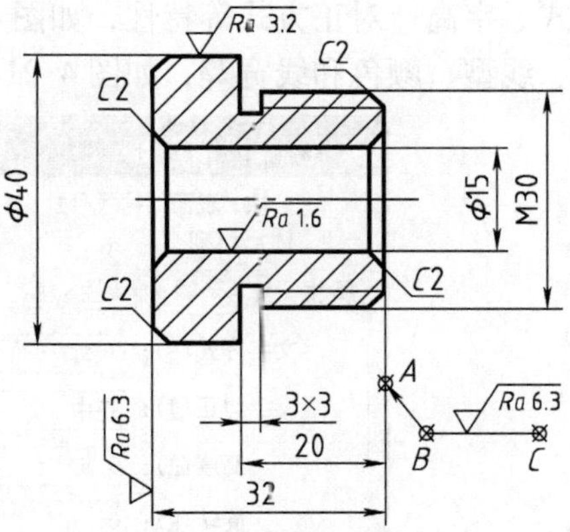

图 4-17　引线标注表面结构代号的结果

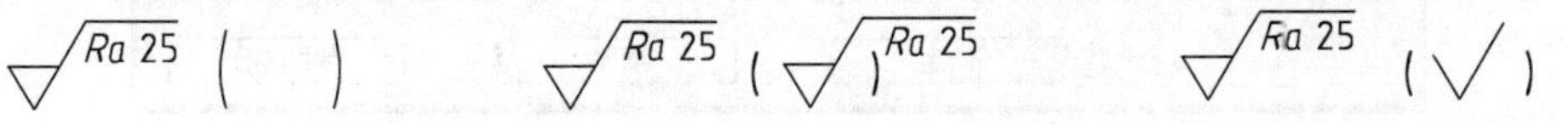

a) 书写括号字符　　b) 复制图块　　c) 分解图块，删除多余图线

图 4-18　在图样右下方位置处表面结构代号的标注

选择菜单栏“修改→复制”命令，选择刚才标注出的代号√Ra 25，复制到括号字符中间，如图 4-18b 所示。

选择菜单栏“修改→分解”命令，再选取括号中间的√Ra 25，按 <回车> 键，将图块分解，删除多余图线，操作结果如图 4-18c 所示。

(6) 放大标注符号　使用“比例缩放”命令，将统一注写在图样右下角的√Ra 25 (√)放大 1.4 倍。

3. 编辑图块属性

双击要修改属性的图块，系统弹出“增强属性编辑器”对话框。其中，“属性”选项卡可以修改属性文字的值，如图 4-19 所示。“文字选项”选项卡可以修改属性文字的文字

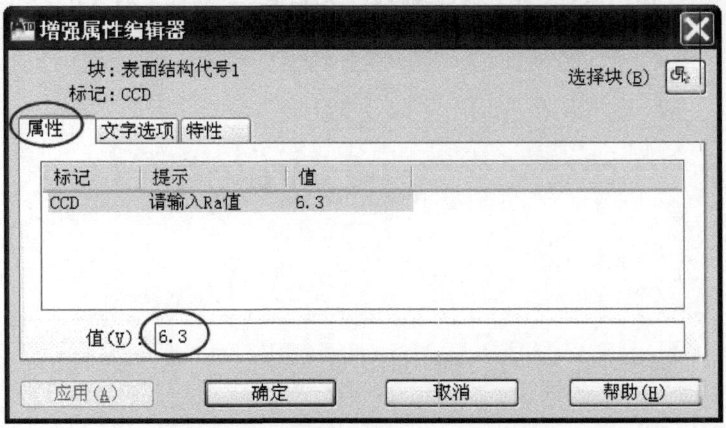

图 4-19　“增强属性编辑器”对话框—“属性”选项卡

样式、字高、对正方式等特性，如图 4-20 所示。“特性”选项卡可以修改属性文字的图层、线型、颜色和线宽等，如图 4-21 所示。

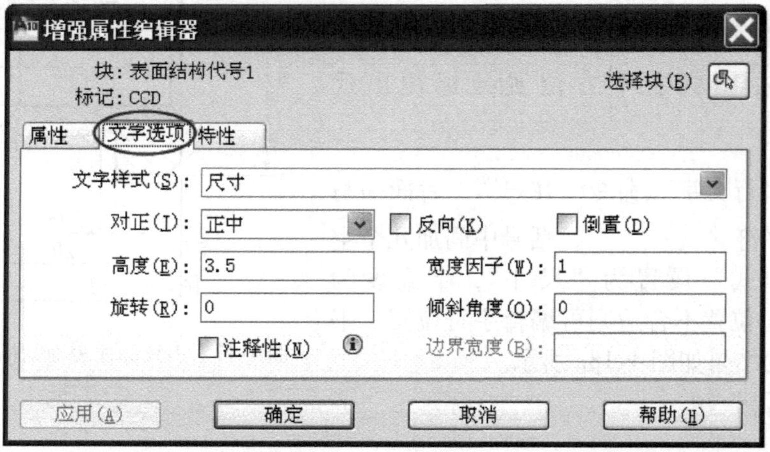

图 4-20 “增强属性编辑器”对话框—“文字选项”选项卡

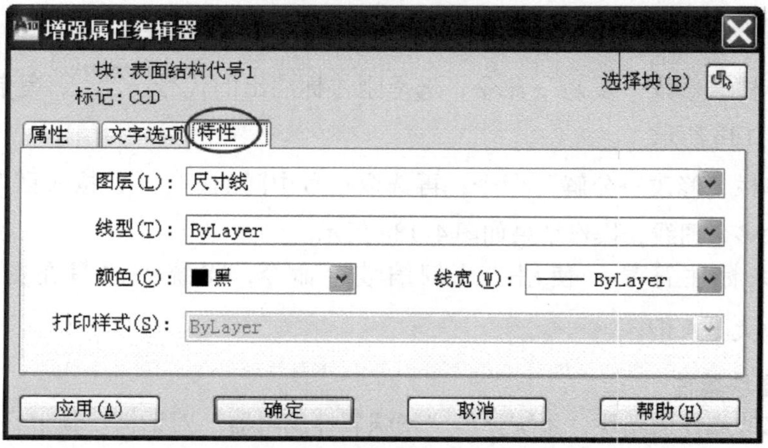

图 4-21 “增强属性编辑器”对话框—“特性”选项卡

第 5 单元　绘制工程图

通过前面各单元的训练，读者逐步了解和熟悉了 AutoCAD 的使用方法及其基本操作。AutoCAD 工程图的绘制，实际上就是前面各单元内容的综合练习。若要熟练地绘制 AutoCAD 工程图样，就必须掌握工程制图的相关知识（包括制图国家标准、工程图样的识读与制图等），并通过大量地绘制工程图来不断提高 AutoCAD 绘图技能。

知识目标

1）了解工程图的内容。

2）掌握工程图的绘图思路和绘图方法。

能力目标

1）能够创建符合制图国家标准要求的样板图。

2）能够正确绘制工程图。

素质目标

1）具备社会责任感和使命感。

2）具备团队协作、沟通协调的能力。

3）培养创新精神和工匠精神。

任务 5.1　创建 AutoCAD 样板图

5.1.1　任务要求

创建符合我国制图国家标准的 A4、A3、A2 图幅的 AutoCAD 样板图。

5.1.2　实施步骤

为了保证所创建的图形的一致性，同时节省 AutoCAD 绘图环境设置、尺寸标注样式和文字样式等常用设置的操作时间，用户可以建立自己的 AutoCAD 样板图。AutoCAD 2010 默认的图形样板图文件（ *. dwt）存储在安装路径下的 template 文件夹中，以便访问。

5.1　创建 AutoCAD 样板图

一般来说，在 AutoCAD 中绘制零件图和装配图等工程图的步骤如下所述。

（1）设置图形界限　调用菜单栏“格式→图形界限”命令进行操作。

（2）设置绘图单位　调用菜单栏“格式→单位”命令进行操作。

（3）设置图层、颜色、线型及线宽　调用菜单栏“格式→图层”命令进行操作。

（4）设置文字样式　调用菜单栏“格式→文字样式”命令进行操作。

（5）设置标注样式　调用菜单栏“格式→标注样式”命令进行操作。

（6）绘制（插入）图框线　如已熟练 AutoCAD 的基本操作，建议不要将图框和图形绘制在一幅图中，可在布局中将图框按图块插入，然后打印出图。

（7）绘制（插入）标题栏　将绘制好的标题栏插入到图框中。

（8）样板图（＊.dwt）存盘　样板图按图幅大小命名，如 GB－A4.dwt、GB－A3.dwt、GB－A2.dwt 等。

（9）调用样板图绘制工程图　绘制零件图时，可调用样板图进行绘图，并将图形文件另存为 dwg 格式，如“轴.dwg”。绘制装配图时，可调用样板图直接绘图，也可以根据已绘制出的零件图拼画成装配图。

读者可以按照上述步骤，参考前面单元中介绍的操作方法，建立符合我国制图国家标准的 A4、A3、A2 图幅的系列样板图。当需要绘制工程图时，就可以直接调用相应的样板图来绘图，这样既可以提高绘图效率，避免重复设置，又便于图样的标准化。

任务 5.2　绘制齿轮零件图

5.2.1　任务要求

绘制如图 5-1 所示的圆柱直齿轮零件图。

图 5-1　圆柱直齿轮零件图（1）

图 5-1　圆柱直齿轮零件图（2）

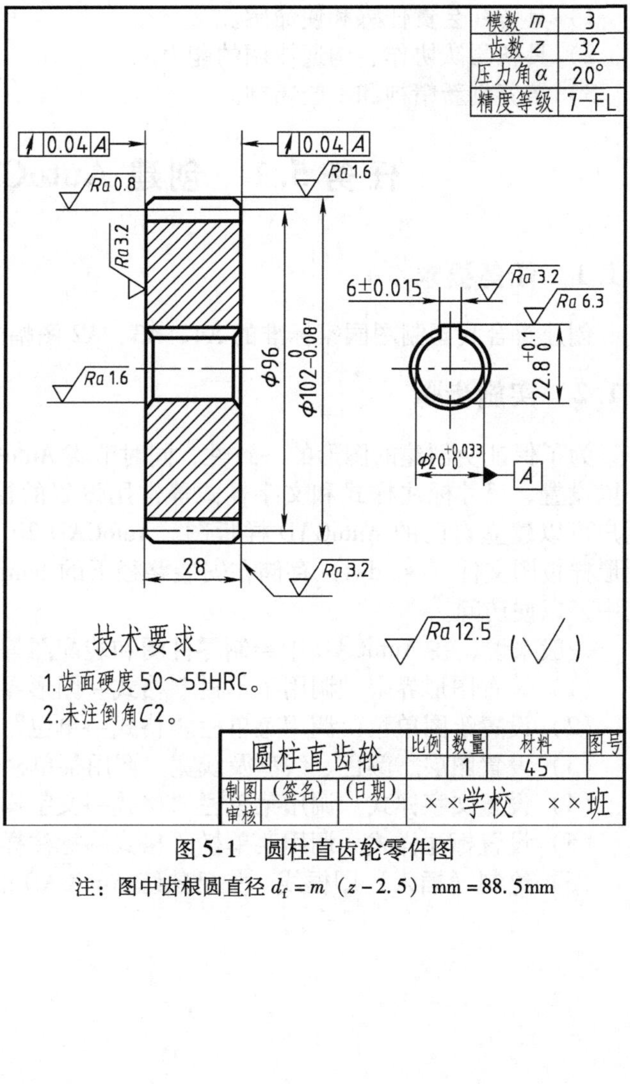

图 5-1　圆柱直齿轮零件图

注：图中齿根圆直径 $d_f = m(z-2.5)$ mm＝88.5mm

5.2.2 实施步骤

1. 打开文件

打开已创建的 A4 样板图，另存为“圆柱直齿轮 . dwg”文件。

2. 绘制视图

1）先画左视图（键槽结构的图线通过偏移中心线，再修剪圆和偏移线获得）。

2）接着绘制主视图。使用“直线”、“偏移”和“修剪”等命令，绘制出主视图的大致轮廓。主视图键槽结构处的图线可以利用“对象捕捉追踪”功能从左视图画线，经修剪操作得到。最后使用“倒角”命令，绘制出齿顶圆和轴孔处的倒角结构。

完成的齿轮零件视图如图 5-2 所示。

3. 标注尺寸和尺寸公差

标注齿轮零件尺寸和尺寸公差，如图 5-3 所示，步骤略。

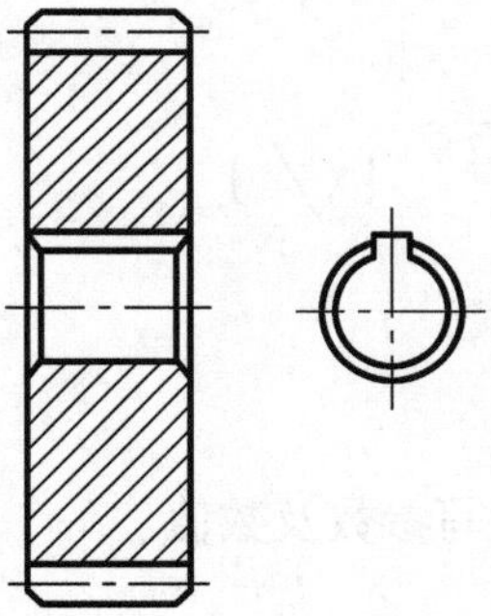

图 5-2 齿轮零件绘制视图

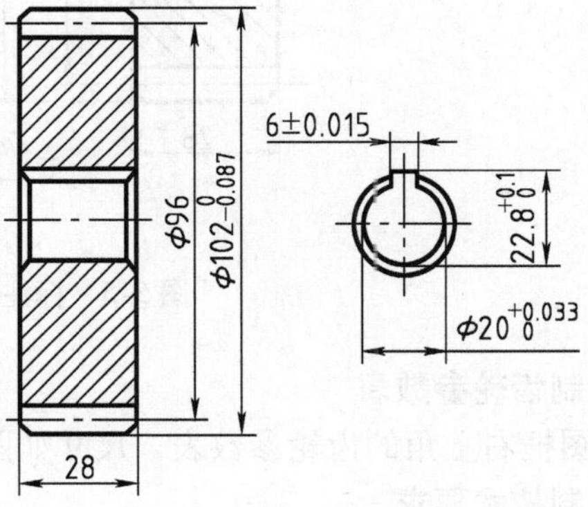

图 5-3 标注尺寸和尺寸公差

4. 标注几何公差和基准

标注齿轮零件几何公差和基准，如图 5-4 所示，步骤略。

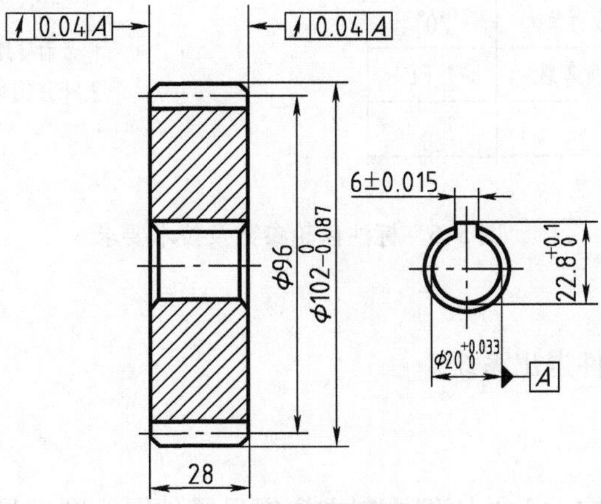

图 5-4 标注几何公差和基准

5. 标注表面结构要求

用插入块的方式标注表面结构要求，如图 5-5 所示。可参考任务 4.2 节的步骤进行操作。注意，图形右下角的符号应比视图上标注的符号大 1.4 倍。

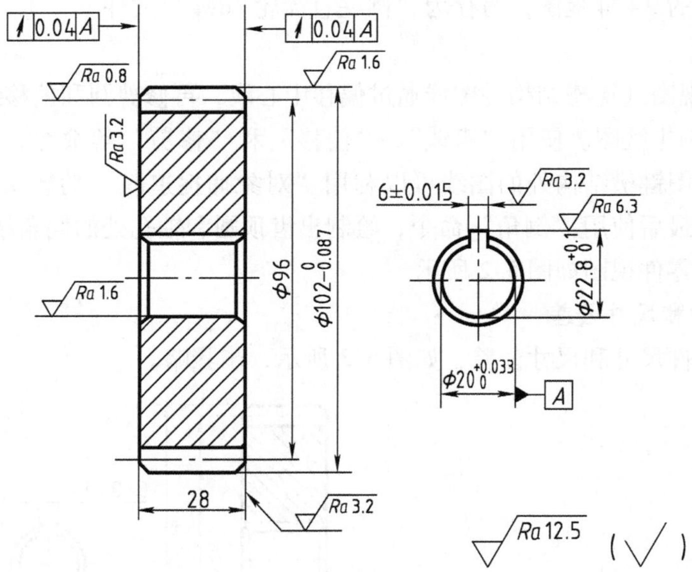

图 5-5　标注表面结构要求

6. 绘制齿轮参数表

绘制图框右上角的齿轮参数表，尺寸如图 5-6 所示，并注写参数及数值。

7. 绘制技术要求

书写技术要求文字，如图 5-6 所示，并标注标题栏文字。

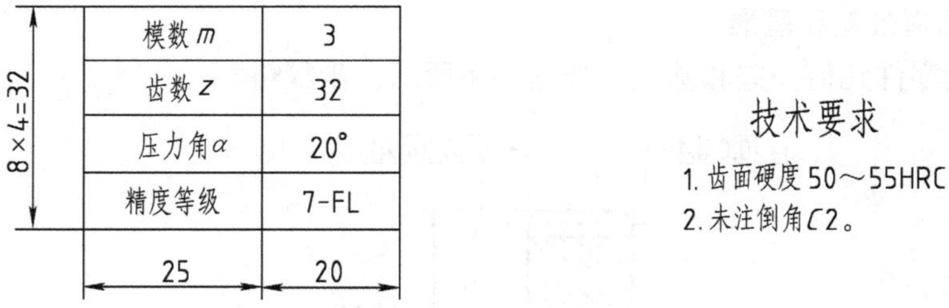

图 5-6　标注齿轮参数及技术要求

8. 保存文件

检查图形，保存文件退出系统。

5.2.3　课后练习

选择合适的图幅，按 1∶1 的比例绘制方块螺母零件图，图例见表 5-1。

表 5-1 零件图绘图练习图例

图例名称	图 例
方块螺母零件图	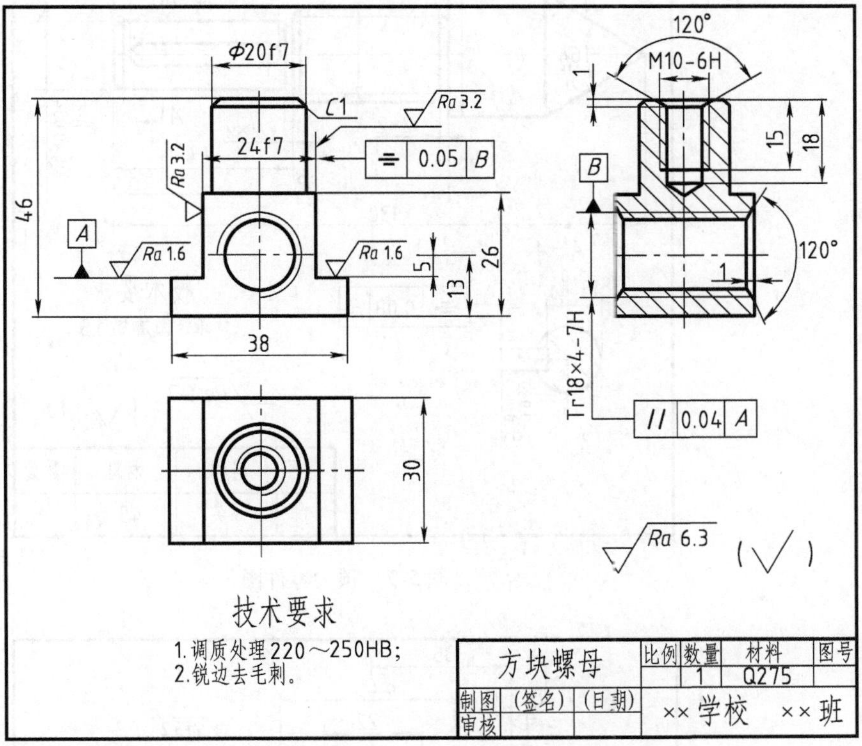

任务 5.3 绘制顶尖座装配图

5.3.1 任务要求

根据图 5-7 至图 5-10 的零件图，绘制如图 5-11 所示的顶尖座装配图。

5.3.2 知识链接

在设计工作中，装配图的绘制是一项非常复杂的工作，也是设计的重要内容之一。

利用 AutoCAD 绘制装配图，可采用拼图法或直接绘制法。拼图法有两种，一种是以已画出的零件图为基础创建图块，根据零件间的装配关系直接调用图块，经编辑整理后绘出装配图；另一种是先选择所需要的视图，然后进行复制操作，在另一个视图中采用“粘贴为块”调入，通过编辑整理“块视图”也可以拼绘出装配图。而直接绘制法则是在装配图中直接绘出需要的零件视图，不需要制作零件图块。

现采用创建零件图块并插入的方法来拼绘顶尖座装配图。

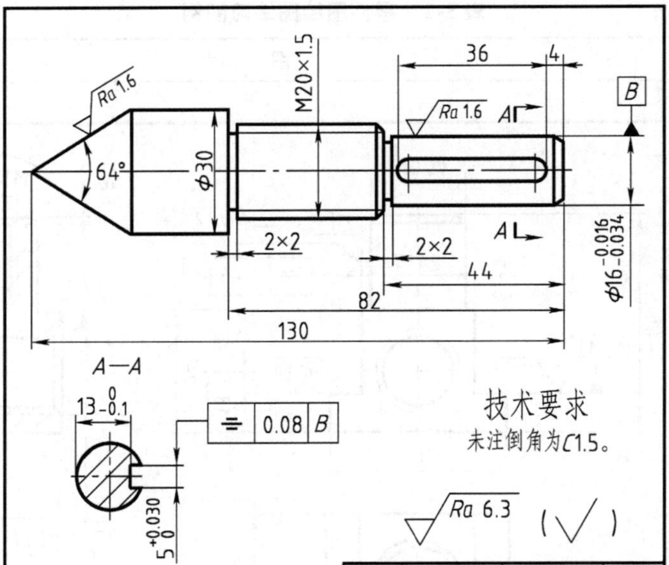

序号	名称	材料	数量
1	顶尖	45	1

图 5-7　顶尖零件图

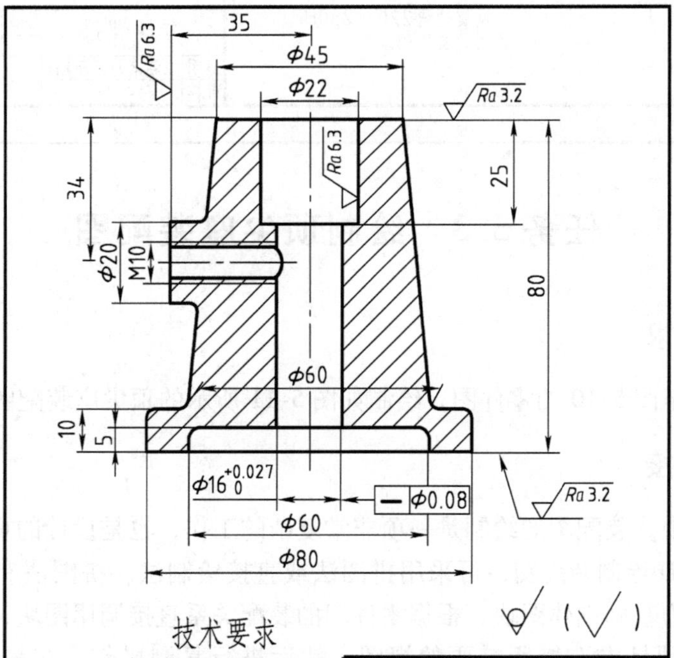

序号	名称	材料	数量
4	底座	HT200	1

图 5-8　底座零件图

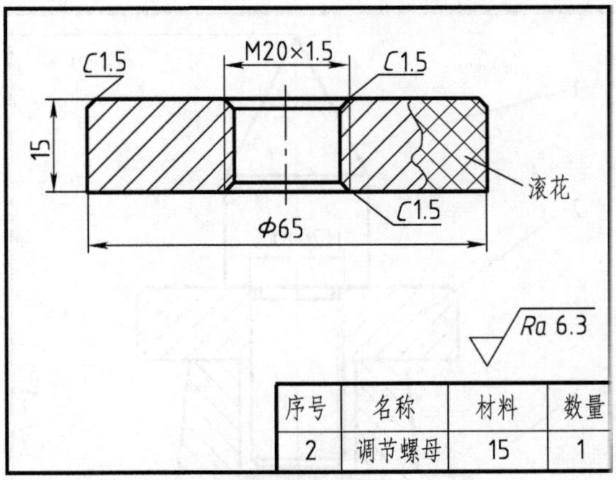

图 5-9　调节螺母零件图
（注：螺纹小径尺寸 =0.85 × 螺纹大径尺寸）

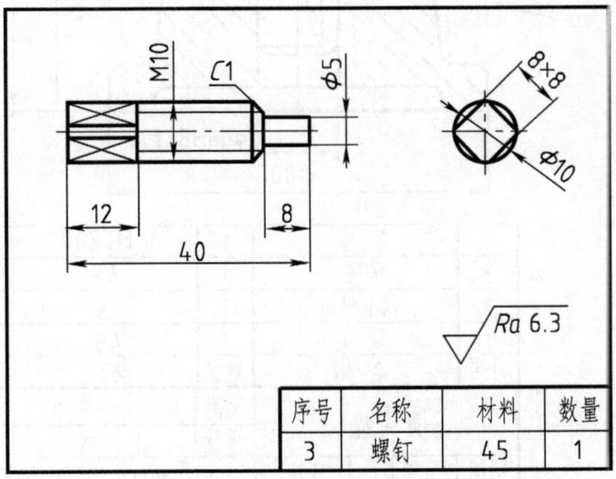

图 5-10　螺钉零件图

5.3.3　实施步骤

1. 创建零件图块文件

（1）关闭、锁住“尺寸线”和“文本”图层　打开零件图（如顶尖零件图），在图层工具栏上将“尺寸线”和“文本”图层关闭、锁住，如图 5-12 所示。得到的顶尖图形如图 5-13 所示。

（2）创建块文件　WBLOCK 命令可以将块或图形对象以文件的形式写入磁盘，并可作为块插入到其他图形中。

键盘输入 WBLOCK 命令并 <回车> 后，系统弹出“写块”对话框，如图 5-14 所示。注意，在选择对象时应该选择某个零件视图（如图 5-14 中的顶尖主视图）；基点的位置不要任意点取，通常选取有利于拼绘装配图的插入交点作为基点，如图 5-14、图 5-15 所示的基点。最后单击“浏览”按钮 [...]，指定图块文件的保存路径和文件名。

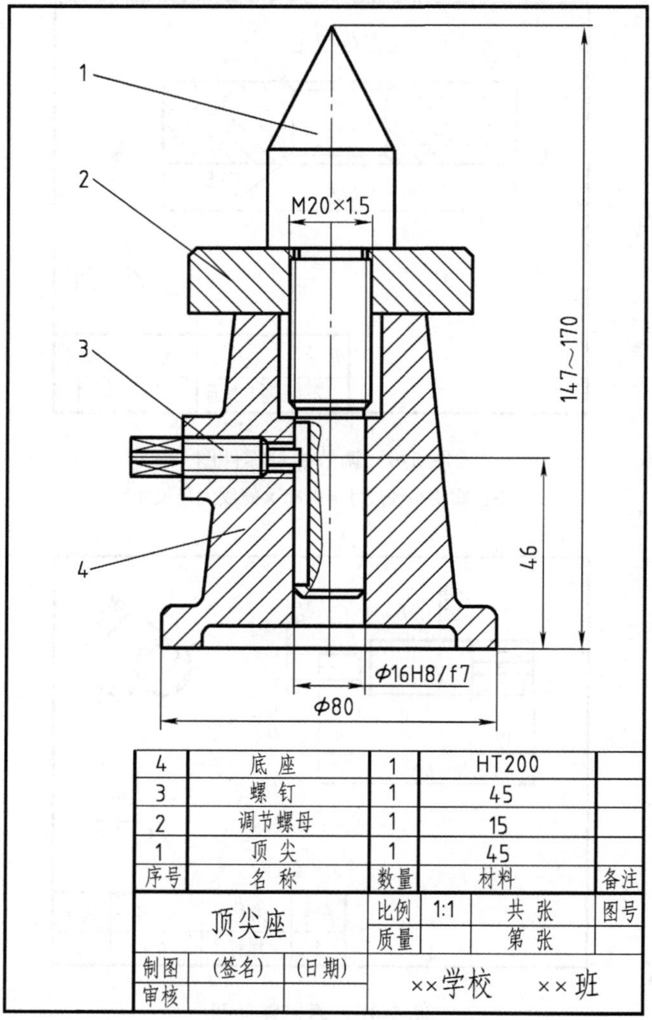

图 5-11　顶尖座装配图

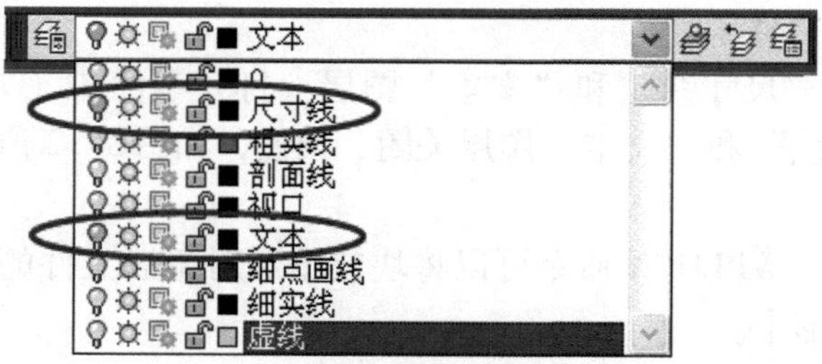

图 5-12　关闭、锁住图层

按照上述方法，分别创建出顶尖主视图图块、底座图块、调节螺母图块和螺钉图块这4个图块文件。

2. 打开文件

打开已有的A4样板图，另存为“顶尖座装配图 .dwg”文件。

3. 拼绘装配图

（1）用块插入的方法拼绘装配图　按装配顺序逐一插入各零件视图块，如底座图块、调节螺母块、顶尖图块（插入的旋转角度应设置为 -90°）和螺钉图块。注意，插入点必须放置在正确的位置上，如放置位置不正确，则应使用“移动”命令将图块摆放好。图5-16至图5-19所示为插入图块文件的过程。

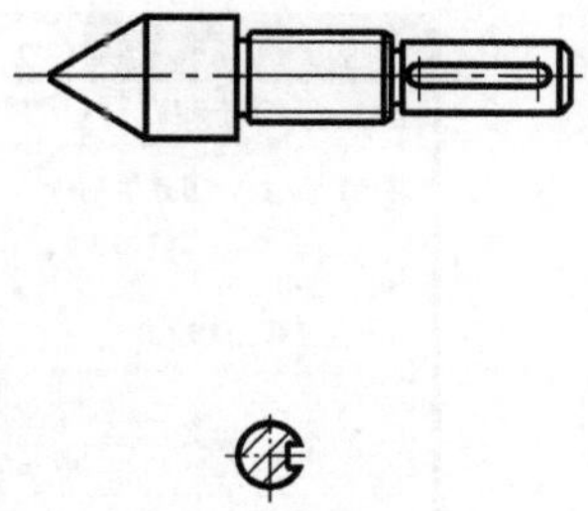

图5-13　关闭、锁住图层后得到的顶尖图形

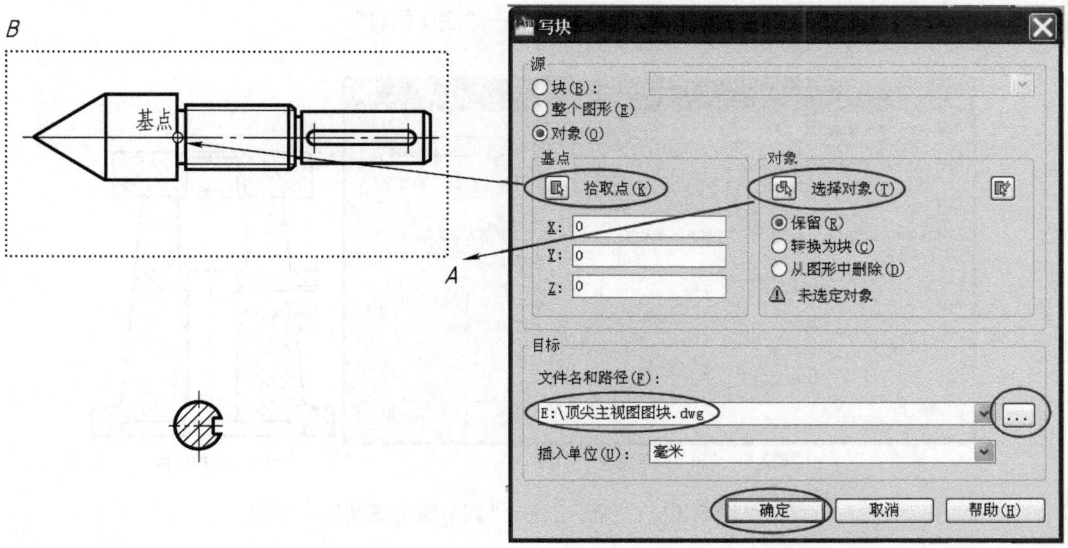

图5-14　在“写块”对话框中选取基点

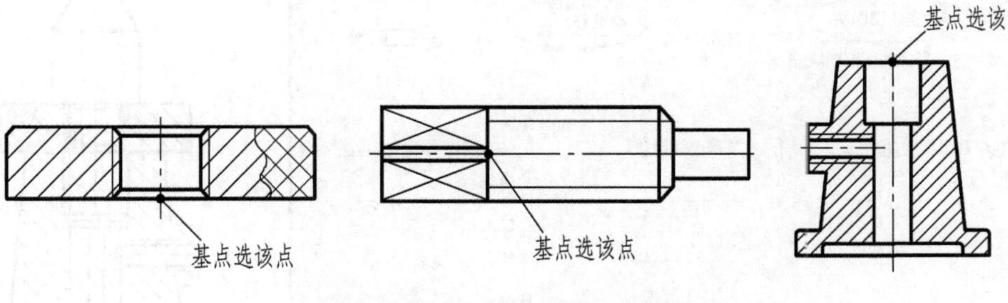

图5-15　各零件图块基点的选取

（2）编辑图形　通过插入零件图块得到的装配图，其图线画法存在不少错误（如图5-20所示），需要修改，以符合我国制图国家标准的要求。编辑时要先把零件图块分解，再用“修剪”命令修剪多余的图线，同时补画缺漏的图线，重新调整剖面线的方向或间距。编辑后的正确图形如图5-21所示。

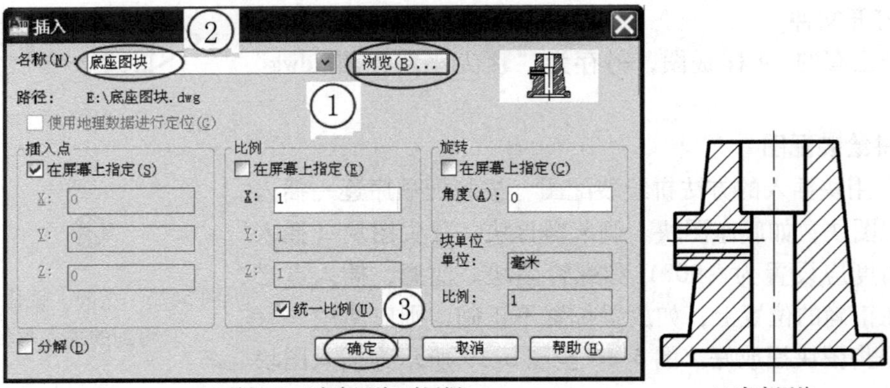

a)"插入"—"底座图块"对话框　　b) 底座图块

图 5-16　"插入"—"底座图块"

a)"插入"—"调节螺母图块"对话框　　b) 插入点的选择

图 5-17　"插入"—"调节螺母图块"

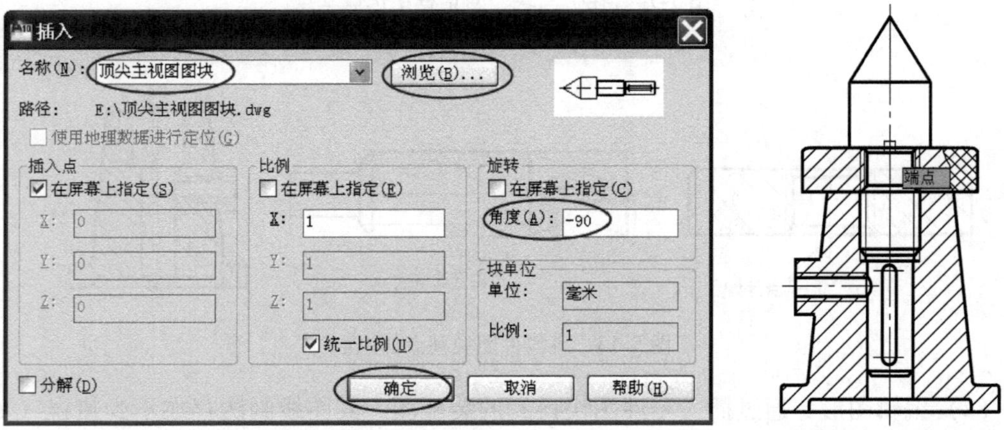

a)"插入"—"顶尖主视图图块"对话框　　b) 图形旋转插入，选择插入点

图 5-18　"插入"—"顶尖主视图图块"

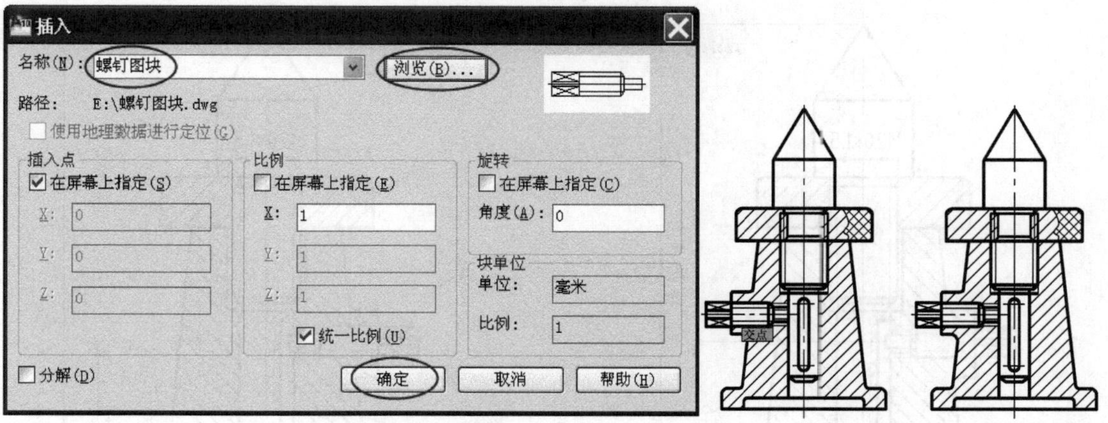

a)“插入”—“螺钉图块”对话框　　b) 预插入　　c) 插入完毕

图 5-19　“插入”—“螺钉图块”

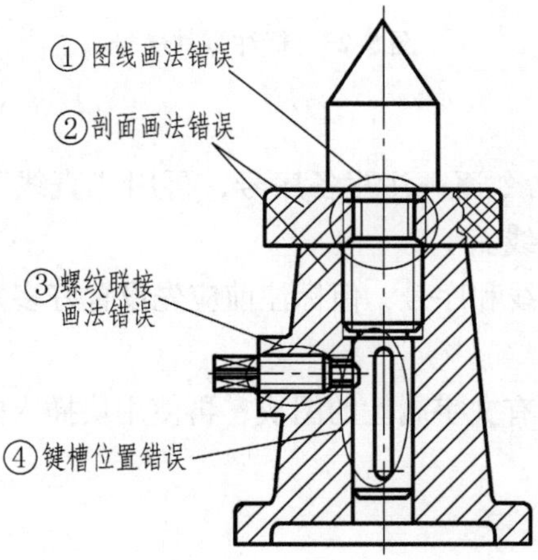

图 5-20　图形画法中的错误

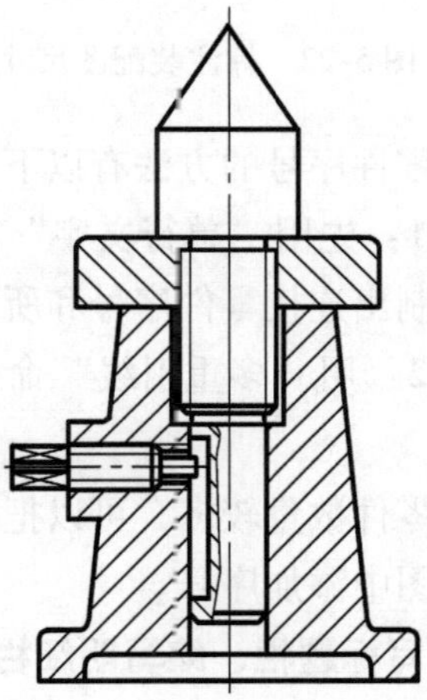

图 5-21　正确画法

4. 标注装配图尺寸

调用“尺寸线”图层、“jixie”尺寸标注样式，根据装配图的要求，标注出必要的尺寸（如外形尺寸、规格尺寸、装配尺寸、安装尺寸和其他重要尺寸等），如图 5-22 所示。

5. 编写零件序号

为了使序号书写美观、排列整齐，我国制图国家标准要求零件序号要保证在同一水平线或垂直线上。因此先在装配图上（下）方或左（右）方画出一条辅助的水平线或垂直线，然后再编写序号。序号编写完成后，要把辅助直线删除，如图 5-23 所示。

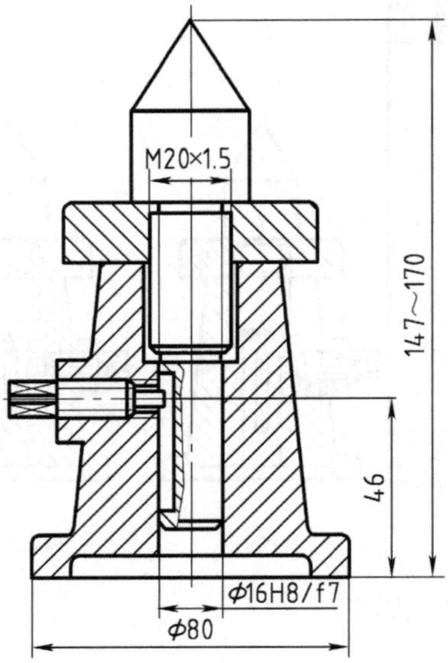

图 5-22　标注装配图尺寸

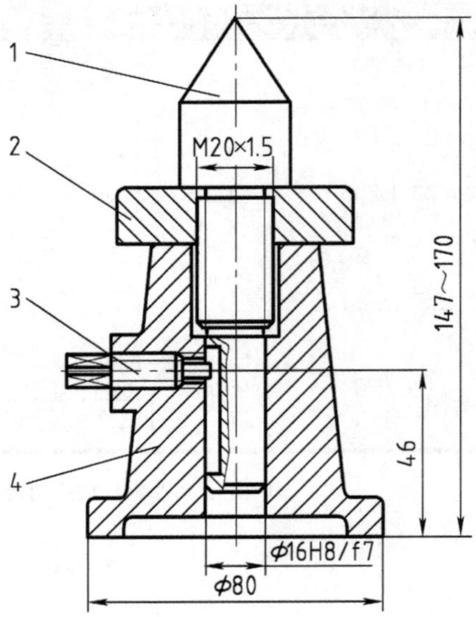

图 5-23　标注零件序号

编写零件序号的方法有以下两种。

方法 1：先用“单行文字”或“多行文字”命令逐一注写各序号，再用“直线”命令逐一绘制出连接零件序号和所指零件之间的指引线。

方法 2：用“多重引线”命令直接标注出指引线和序号，但标注前应先设置好多重引线样式。

如果零件数量较多，可以把零件序号创建成具有文字属性的图块，再使用块插入的方法在装配图中添加序号。

6. 填写标题栏、编写明细栏

装配图的标题栏内容和零件图的稍有不同，具体内容参见图 5-24 所示。

装配图的明细栏，可以使用“偏移”命令或“阵列”命令来创建（明细栏行高 7mm），再填写明细栏文字。填写明细栏文字的方法可参考任务 3.1 节的步骤（先书写若干处文字，通过复制、编辑文字等操作完成文字注写）。也可调用“创建表格”命令来绘制明细栏，并填写明细栏文字。

7. 保存文件

选择文件的保存路径，保存文件，并退出系统。

5.3.4　课后练习

根据给出的零件图，绘制滑动轴承装配图，图例见表 5-2。

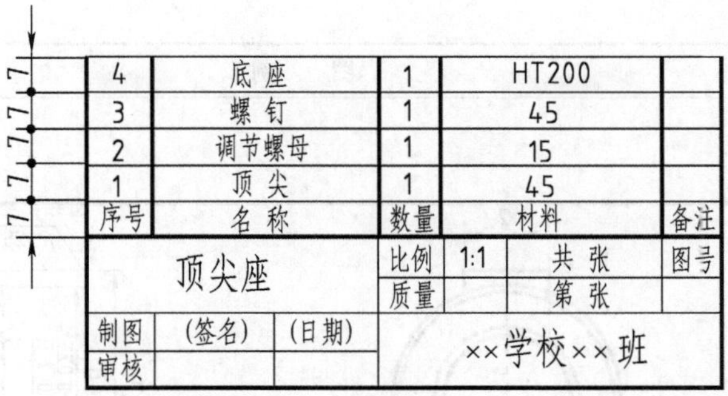

图 5-24 填写标题栏、编写明细栏

表 5-2 装配图绘图练习图例

图例名称	图 例
油杯盖	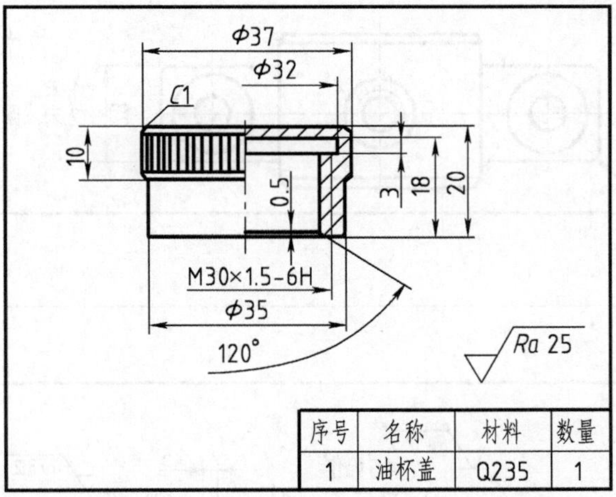
油杯	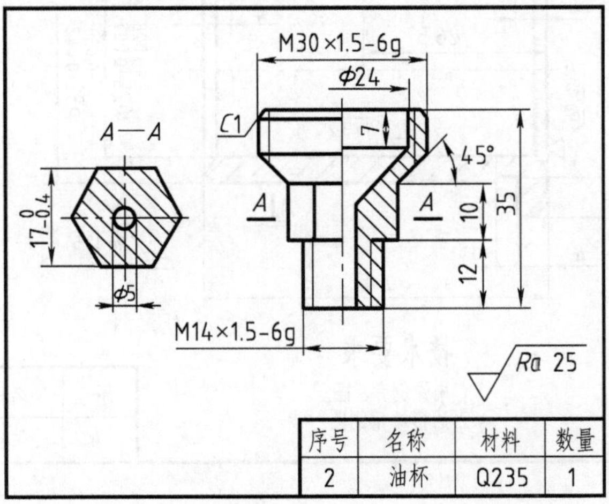

（续）

<table>
<tr><th>图例名称</th><th>图　　例</th></tr>
<tr><td>轴承座</td><td>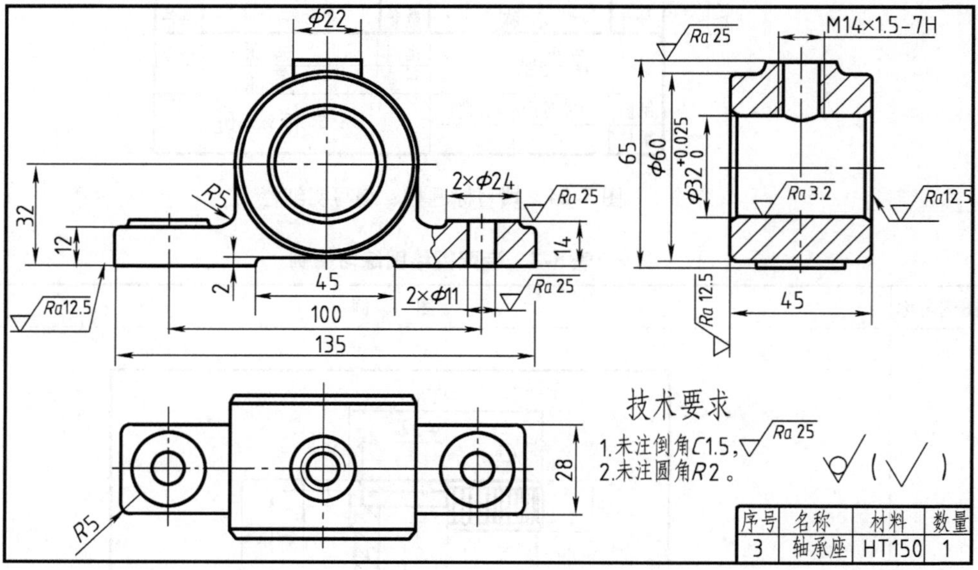
</td></tr>
<tr><td>轴衬</td><td>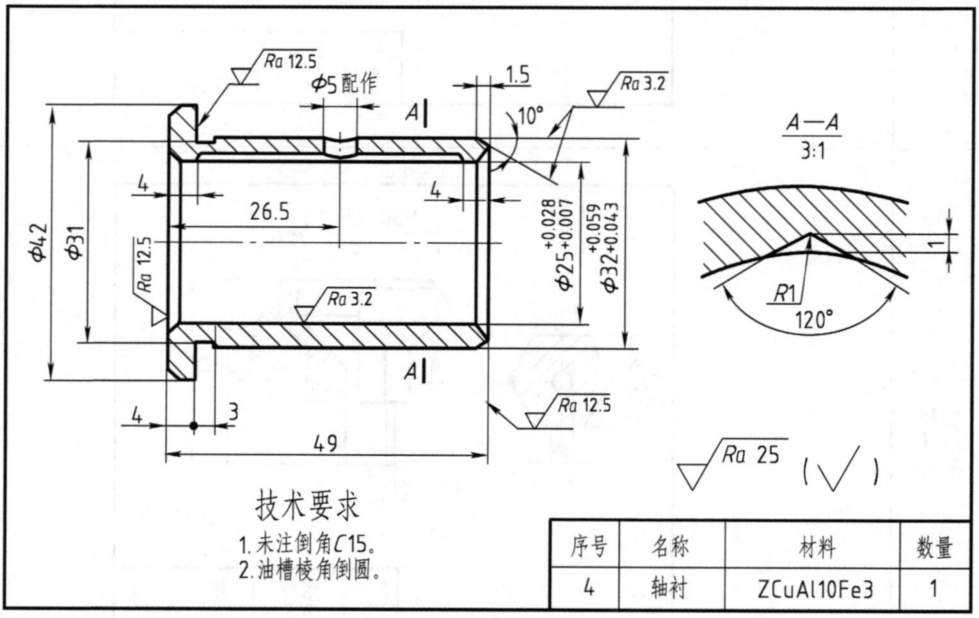
</td></tr>
</table>

（续）

图例名称	图　例
滑动轴承装配图	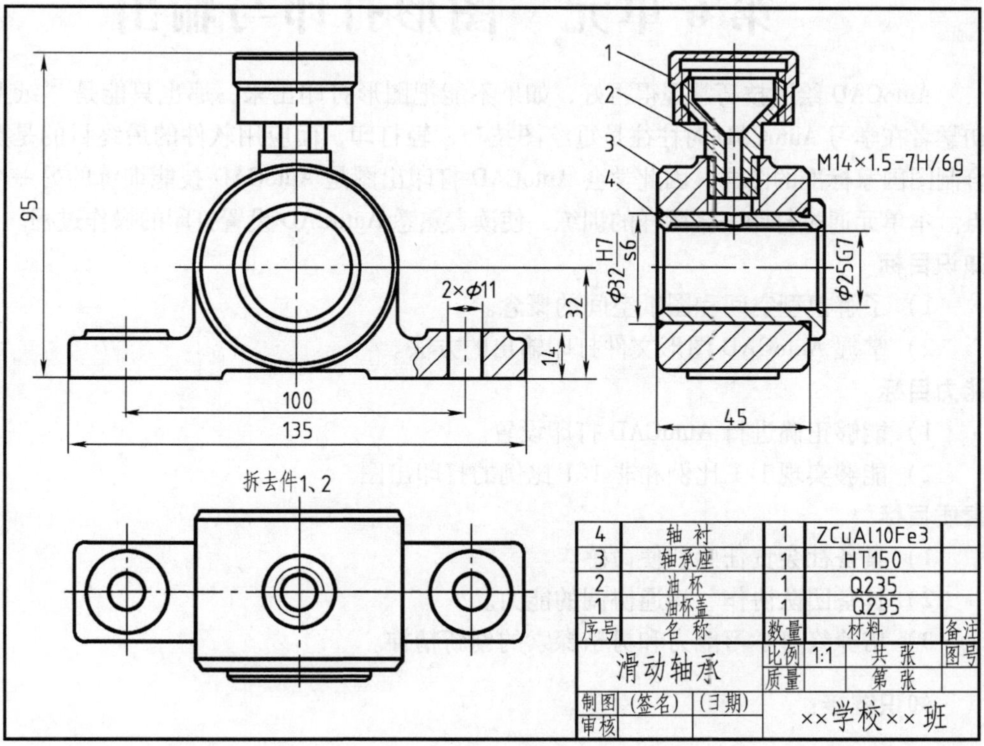

第 6 单元　图形打印与输出

AutoCAD 绘图技巧掌握得再好，如果不能把图形打印出来，那也只能是“纸上谈兵”。初学者在学习 AutoCAD 时往往是重绘图技巧，轻打印，而应用软件的最终目的是要获得符合制图国家标准的图样，因此学会 AutoCAD 打印出图是 AutoCAD 技能训练的另一个学习重点。本单元通过打印一张图样的训练，使读者熟悉 AutoCAD 设置打印的操作过程。

知识目标

1）了解模型空间和图纸空间的概念。

2）掌握 AutoCAD 图形文件打印输出的方法。

能力目标

1）能够正确进行 AutoCAD 打印设置。

2）能够实现 1:1 比例和非 1:1 比例的打印出图。

素质目标

1）具备社会责任感和使命感。

2）具备团队协作、沟通协调的能力。

3）培养终身学习能力和勇于探索的创新精神。

知识链接：

模型空间和图纸空间

AutoCAD 2010 提供了两个并行的工作环境，即模型空间和图纸空间。系统默认的工作环境是模型空间，绘图通常是在“模型空间”里进行的，而打印则通常是在“图纸空间”中进行的。“图纸空间”即“布局空间”，它可以看作是即将要打印出来的图样页面。在“模型空间”中也可以实现打印功能，但每次打印都要做选项设置，打印质量的稳定性较差，而在“布局空间”里一旦设置好对应的选项，即可永久使用相同的打印设置。

在 AutoCAD 2010 中，图形输出的基本流程如下。

（1）在模型空间中按比例绘制完成图样。

（2）转入“图纸空间”，进行布局设置，包括设置打印设备，纸张等等。

（3）在“图纸空间”的布局内创建视口并调整，安排要输出的图样，调整合适的比例。

（4）移动，视图显示缩放以调整布局中的图形。

（5）打印预览，检查有无错误，如有则返回继续调整。

（6）打印出图。

任务 6.1 在模型空间打印 A4 图样

6.1.1 任务要求

在“模型空间”用 A4 纸打印 AutoCAD 图形文件。

6.1 在模型空间打印 A4 图样

6.1.2 实施步骤

1. 打开文件

打开 AutoCAD 图形文件，如“顶尖座装配图 . dwg”文件。

2. 打印文件

单击状态栏中的“模型”按钮 模型 / 布局1 / 布局2 /，确保当前环境为“模型空间”环境。

单击菜单栏“文件→打印”命令，系统弹出“打印—模型”对话框，按图 6-1、图 6-2所示的设置进行操作（注意，只有安装了打印机驱动程序的打印机，才能在“打印机/绘图仪”下拉列表中找到打印机名称。未安装打印机时只可以进行虚拟的网上打印，故选择的打印机是“DWF6 ePlot. pc3”）。

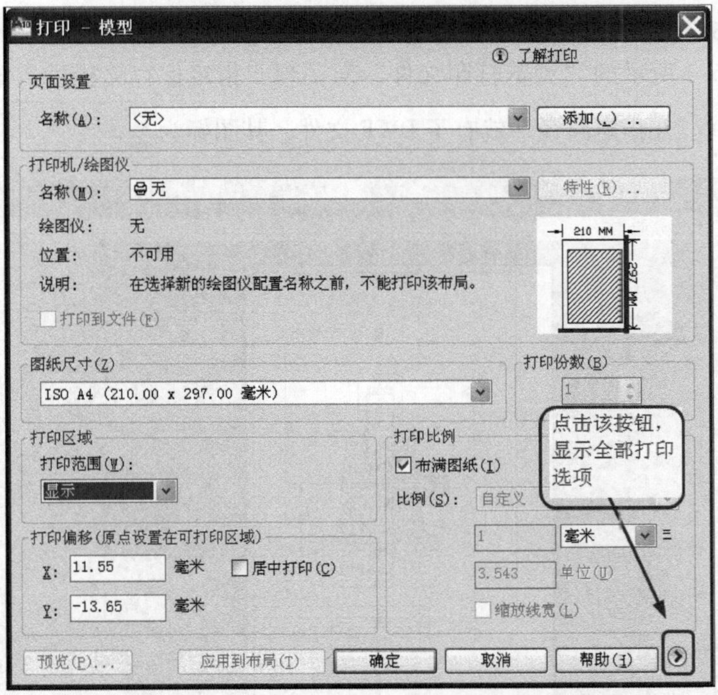

图 6-1 显示“打印—模型”对话框的所有选项

在图 6-2 所示“打印范围”下拉列表框中选择“窗口”选项后，系统会返回绘图区域，用鼠标左键单击图形上的两点确定图形的打印区域。单击 预览(P)... 按钮可以观察到打

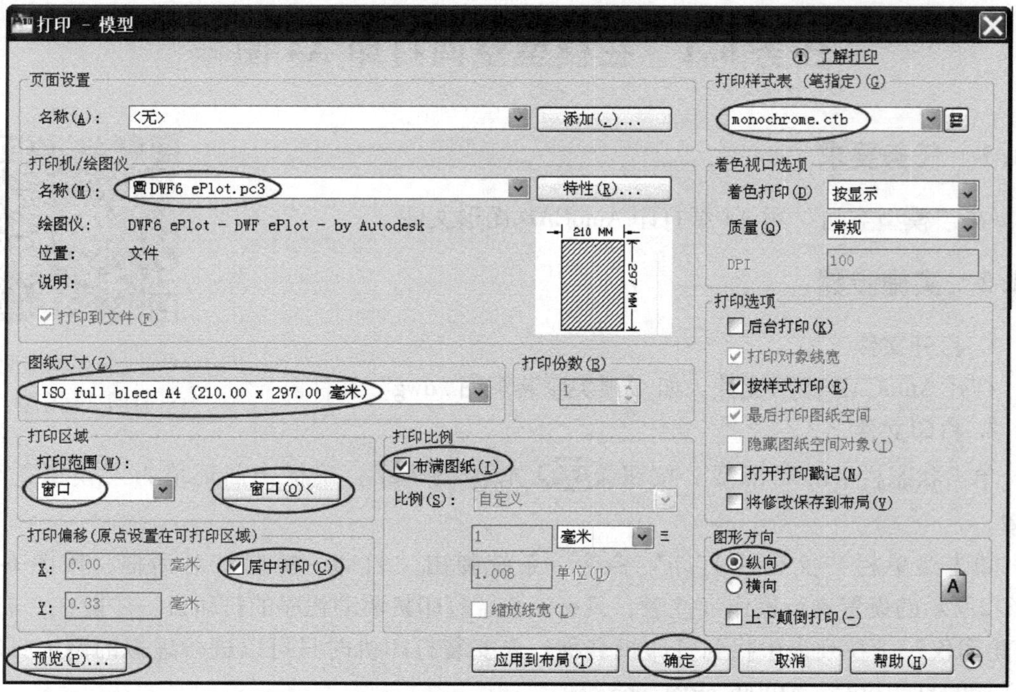

图 6-2　在“打印—模型”对话框中确定打印区域

印效果，如图 6-3 所示。按 <ESC> 键返回“打印—模型”对话框。单击“确定”按钮，系统弹出如图 6-4 所示的“浏览打印文件”对话框，指定保存路径后，单击“确定”按钮退出该对话框。在指定路径下就有了 DWF 文件，其图标为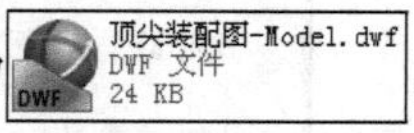

。

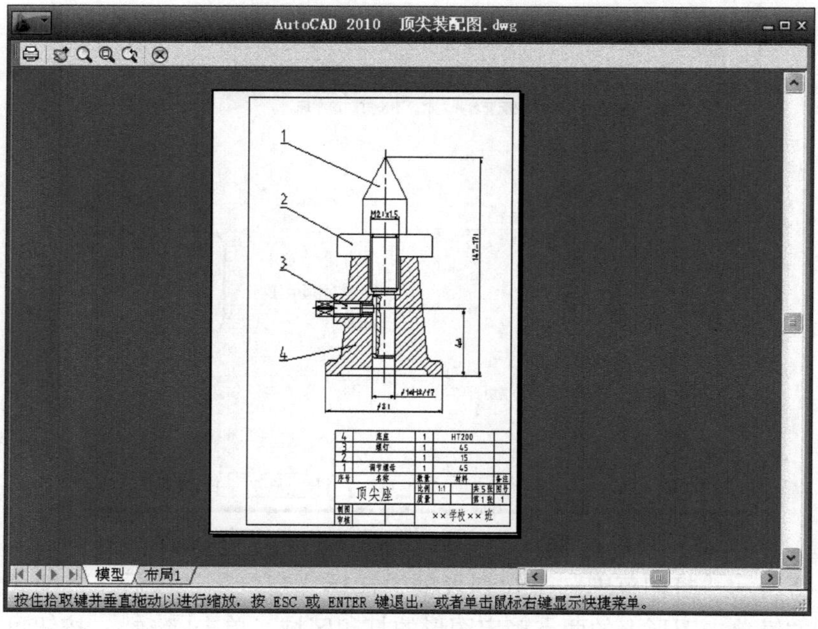

图 6-3　预览打印效果

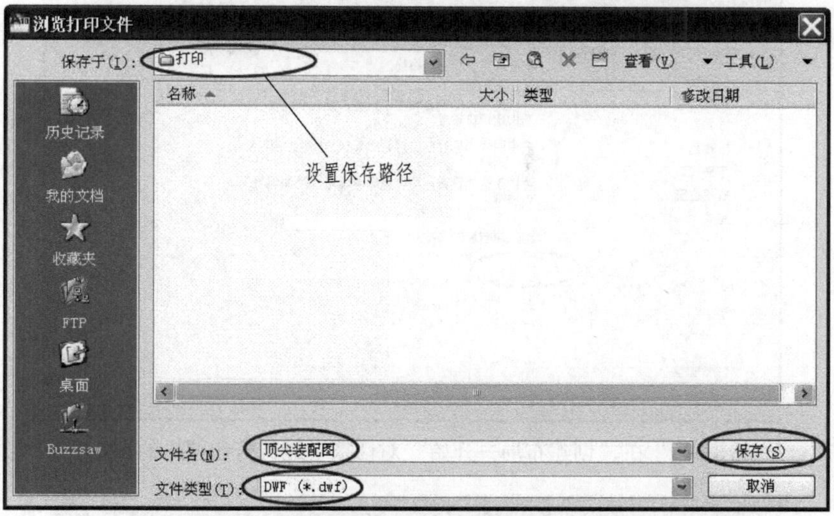

图 6-4　指定保存路径

DWF 文件（二维矢量文件）是从 DWG 文件创建的高度压缩的文件格式，易于在 Web 上查看或通过 Intranet 发布的图形文件，它能保证原始图形数据的安全性和精确性。

若已安装了打印机，则可以打开已经创建的 DWF 文件，进行文件打印；也可以在 AutoCAD 中，重新调用“打印”命令，按图 6-2 所示的设置步骤操作，只是在选择打印机名称时，不再选择“DWF6 ePlot. pc3”，而是选择已安装的打印机型号。打印设置完成后单击“确定”按钮，即可打印出一张 A4 大小的图样。

任务 6.2　在布局空间打印 A3 和 A2 图样

6.2.1　任务要求

利用 AutoCAD 的布局向导功能创建图形布局，并打印出图。

6.2.2　实施步骤

为了便于绘图，在模型空间中通常采用 1∶1 的比例来绘制图形。出图时，根据不同打印需求，例如要对同一组图形同时打印 A3 和 A2 的图样，就要借助于“布局空间”进行打印的设置与输出。

在打印前需要做好前期准备工作，把 A3 和 A2 的图框做为块文件存盘（WBLOCK 命令），此步骤略。

1. 打开文件

打开 AutoCAD 图形文件，如“支架 . dwg”文件。

2. 利用布局向导新建布局“A3”

单击菜单栏“工具”→向导（Z）→ 创建布局(C)... ，系统会弹出图 6-5 所示的“创建布局—开始”对话框，按图 6-5 至图 6-11 所示的次序进行打印图样的操作。

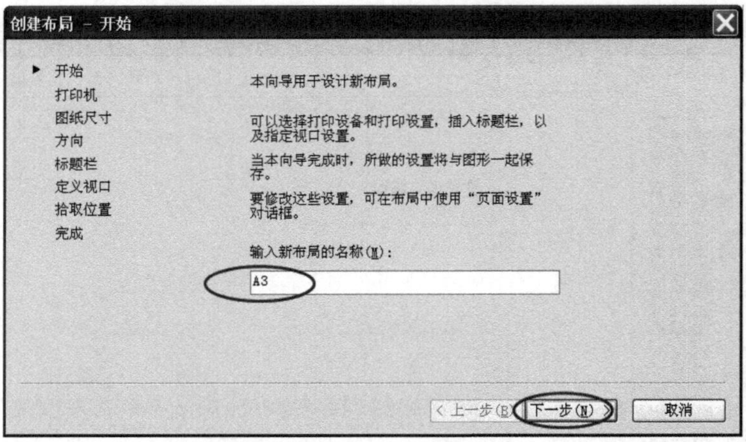

图 6-5　在“创建布局—开始”对话框中进行打印图样的设置

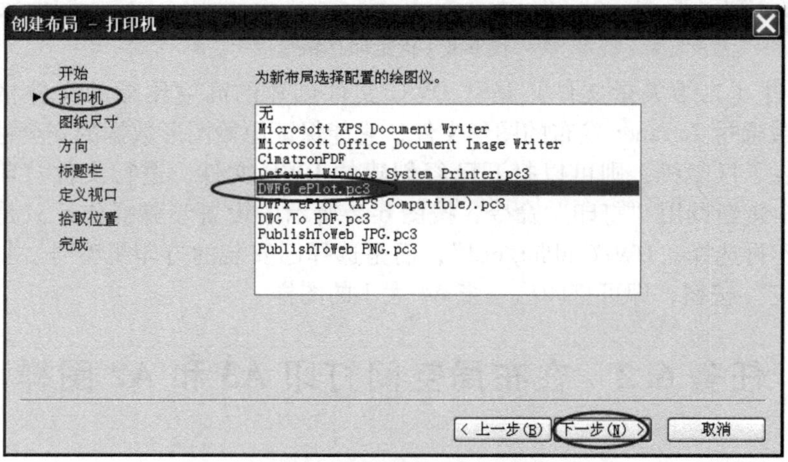

图 6-6　“创建布局—打印机”对话框的设置

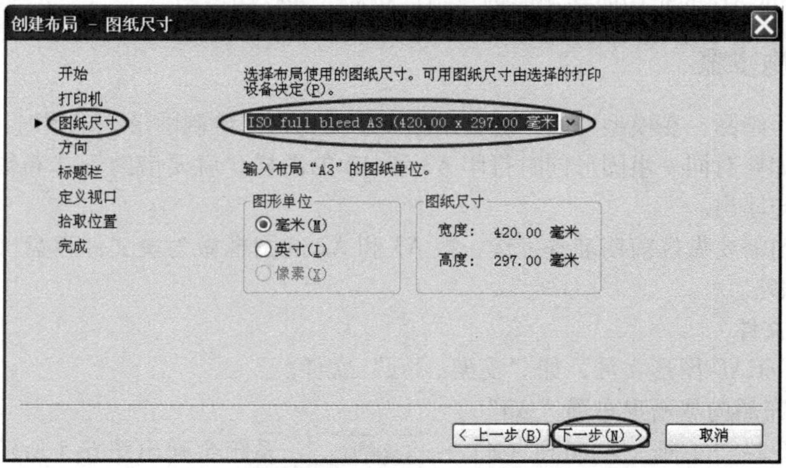

图 6-7　“创建布局—图纸尺寸”对话框的设置

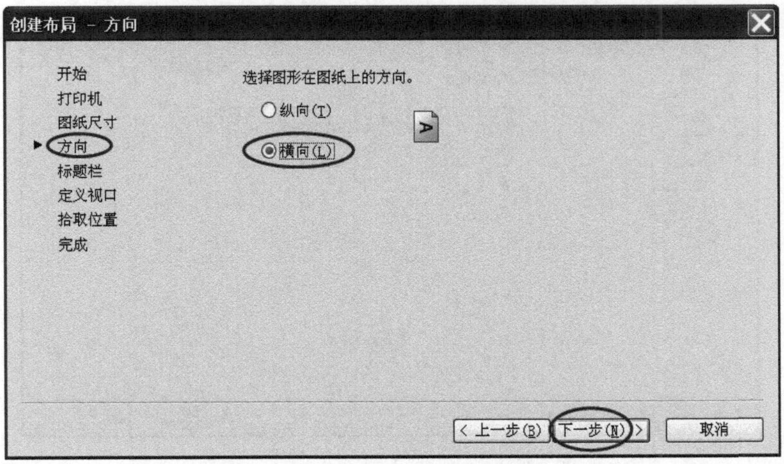

图 6-8 “创建布局—方向”对话框的设置

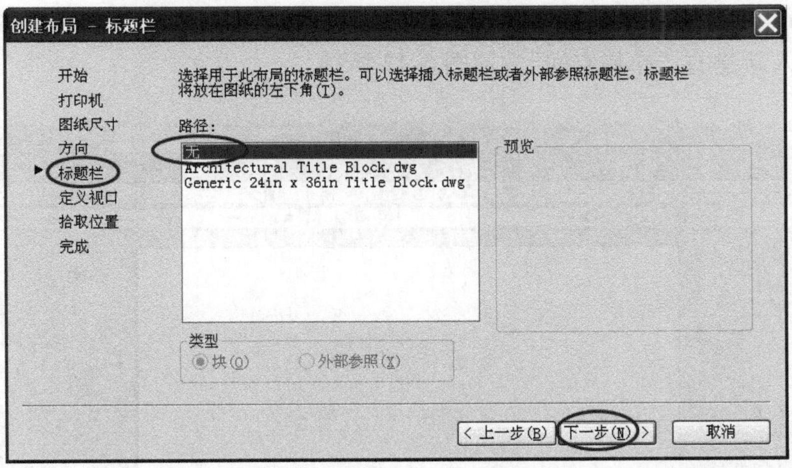

图 6-9 “创建布局—标题栏”对话框的设置

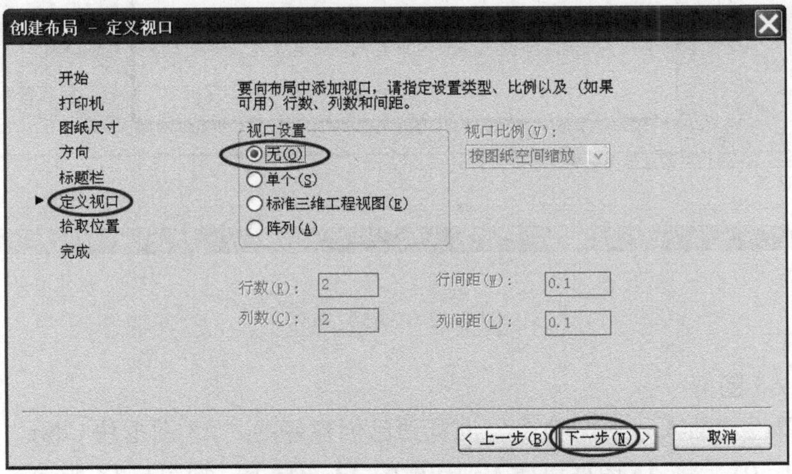

图 6-10 “创建布局—定义视口”对话框的设置

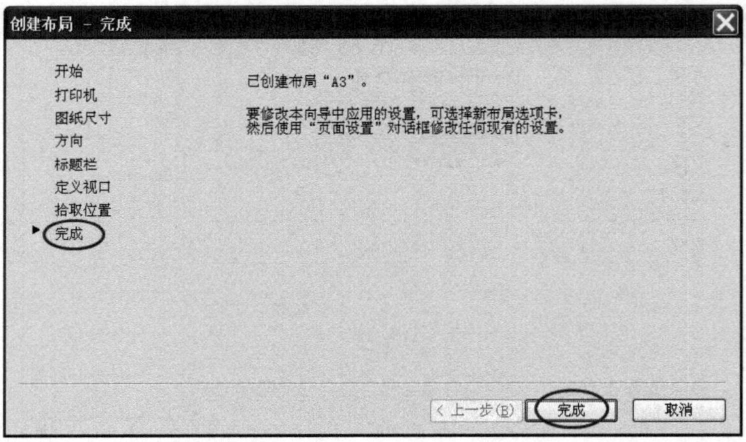

图 6-11 “创建布局—完成”对话框的设置

单击图 6-11 所示的“完成”按钮后，系统自动创建好“A3”布局，并由“模型空间”自动进入新建的“布局空间”，如图 6-12 所示。

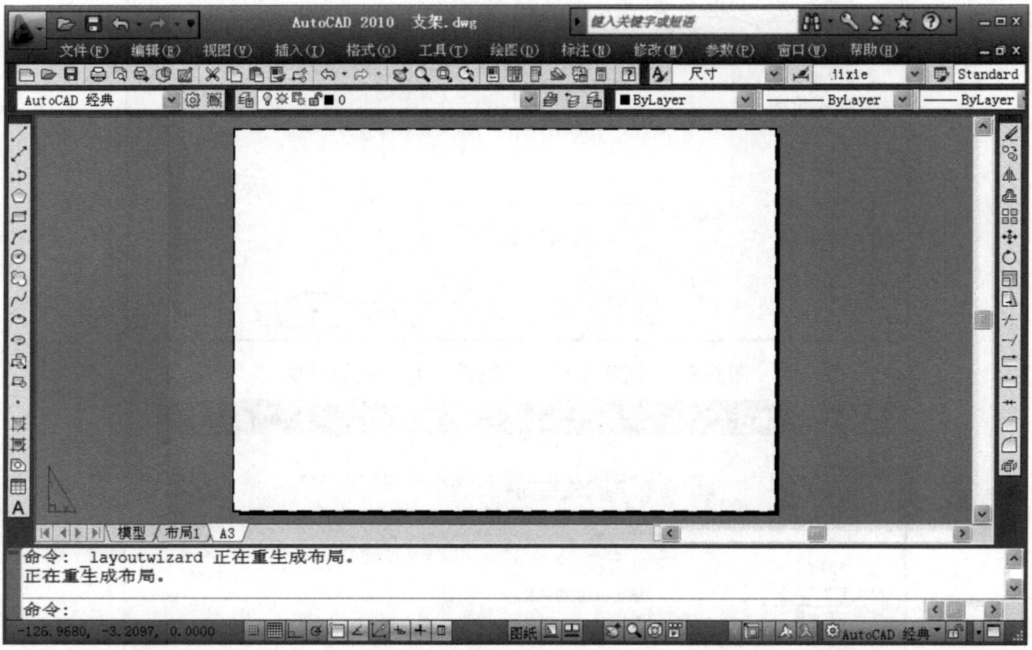

图 6-12 “A3”布局

3. 插入 A3 图框

单击菜单栏“插入→块”命令，浏览到已创建好的“A3 图框块 . dwg”文件，插入点设置为“0，0”，将 A3 图框块插入到新建的 A3 布局上，如图 6-13 所示。

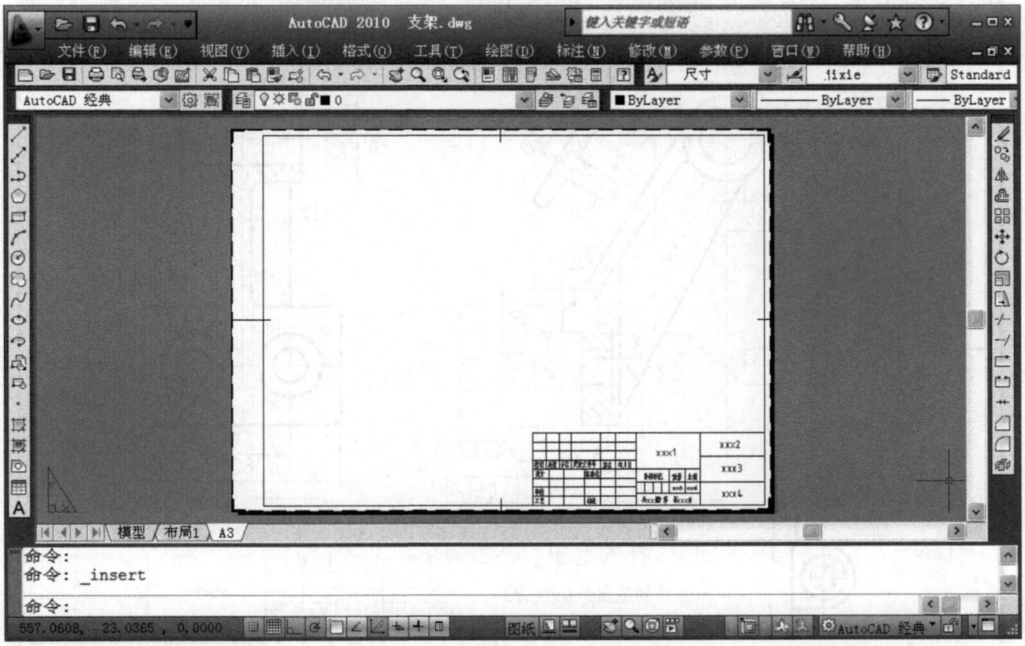

图 6-13 插入“A3 图框块 . dwg”

4. 新建“视口”图层并置为当前层

单击菜单栏“格式→图层”命令，新建“视口”图层，并将其置为当前层。图层工具栏显示为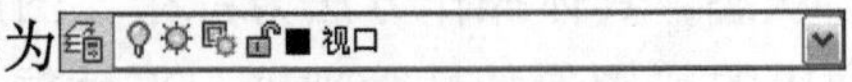

。

5. 调出“视口”工具栏

用鼠标右键单击界面中的任意工具栏，在弹出的快捷菜单中选择“视口”选项，打开“视口”工具栏

。

6. 创建单个视口

单击“视口”工具栏上的“多边形视口”按钮，鼠标左键分别选择图 6-14 中的 *A*、*B*、*C*、*D*、*E*、*F* 共 6 个点，创建多边形视口区域。此视口可以在布局空间中移动或复制，即布局空间上创建的视口是浮动的视口。

7. 确定视口的精确打印比例

在视口边界内部双击鼠标左键，进入“模型空间”，把视图调整到合适的位置。选择视口边界，边界显示为虚线，在“视口”工具栏中选择精确合适的比例，如“2:1”。

8. 关闭并锁住“视口”图层

为了在打印布局时不显示视口的边界线，必须把“视口”图层关闭并锁住，如

所示。

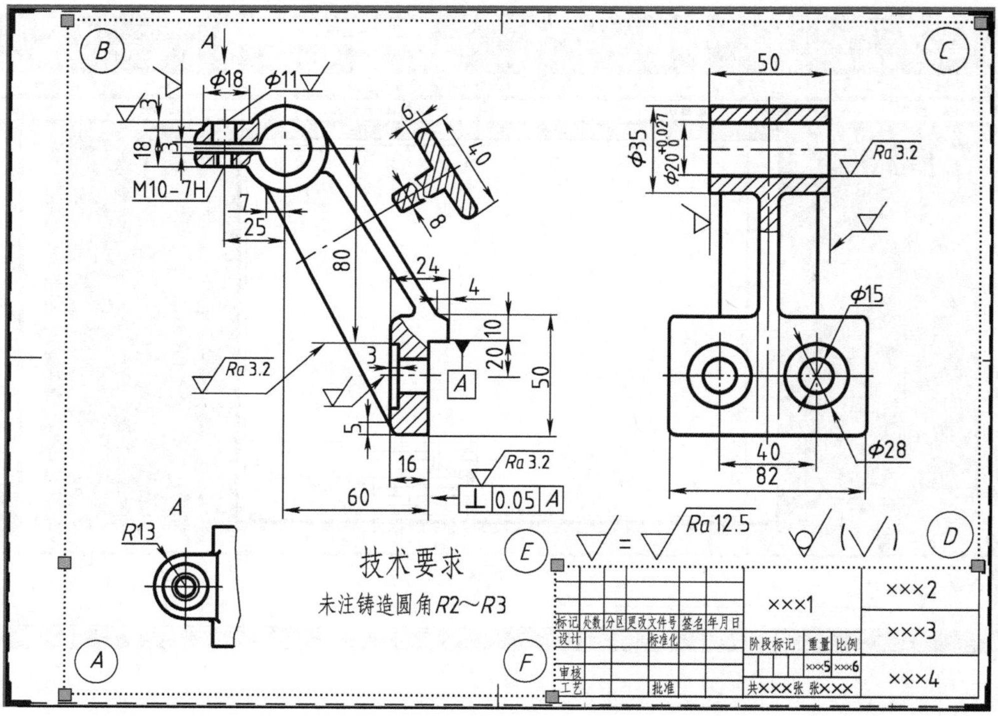

图 6-14　创建多边形视口

也可以将“视口”图层设置为“不打印”状态，具体操作方法为：在“图层”工具栏点击“图形特性管理器”按钮，在随后弹出的“图形特性管理器”对话框中直接点击“视口”图层的打印状态图标，将该图层变为（不打印）状态。

9. 编辑、补充标题栏内的文字

在标题栏文字处双击鼠标左键，即可编辑插入的 A3 图框块，将图样名称、零件材料、设计单位和图号等文字内容修改正确。对于标题栏内还需要补充的文字内容，应调用“多行文字”或“单行文字”命令填写完整。

10. 建立 A2 布局

重复以上步骤建立“A2”的布局，比例为 4∶1，步骤略。

11. 打印图形

选择其中一个布局，如“A3”布局，单击菜单栏“文件→打印”命令，系统弹出如图 6-15 所示“打印—A3”对话框（如需打印“A2”布局，只需在“页面设置”框中选择“A2”即可），单击“确定”按钮，即可打印对应的布局。

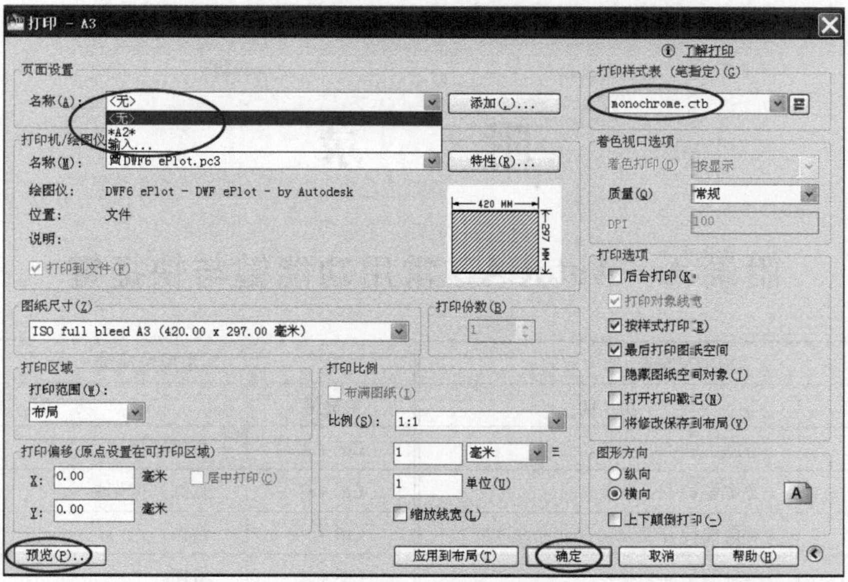

图 6-15 “打印—A3”对话框的设置

附　　录

附录 A　AutoCAD 常用功能键与快捷键

常用功能键		常用快捷键	
功能键	功　能	快捷键	功　能
F1	帮助	Ctrl + A	全部选择
F2	文本窗口	Ctrl + C	复制到剪切板
F3	对象捕捉开关	Ctrl + V	粘贴
F5	等轴测平面切换	Ctrl + X	剪切
F6	坐标开关	Ctrl + N、M	新建文件
F7	栅格开关	Ctrl + O	打开文件
F8	正交开关	Ctrl + P	打印文件
F9	栅格捕捉开关	Ctrl + S	保存文件
F10	极轴捕捉开关	Ctrl + Y	重做
F11	对象追踪开关	Ctrl + Z	放弃，取消前一步的操作
		Ctrl + 空格键	中文和英文输入切换
		Ctrl + Shift	循环切换各种输入方法
		Shift + 空格键	切换全角和半角的字体

附录 B　AutoCAD 常用命令

B-1　AutoCAD 常用绘图命令

序　号	命令中文	命令英文	命令别名
1	直线	LINE	L
2	构造线	XLINE	XL
3	多段线	PLINE	PL
4	多线	MLINE	ML
5	样条曲线	SPLINE	SPL
6	正多边形	POLYGON	POL
7	矩形	RECTANG	REC

（续）

序　号	命令中文	命令英文	命令别名
8	圆弧	ARC	A
9	圆	CIRCLE	C
10	圆环	DONUT	DO
11	椭圆	ELLIPSE	EL
12	插入块	INSERT	I
13	创建块	BLOCK	B
14	写块（块存盘）	WBLOCK	W
15	点	POINT	PO
16	定数等分	DIVIDE	DIV
17	定距等分	MEASURE	ME
18	图案填充	HATCH、BHATCH	H、BH
19	多行文字	MTEXT	T、MT
20	单行文字	DTEXT、TEXT	DT
21	建立面域	REGION	REG

B-2　AutoCAD 常用编辑命令

序　号	命令中文	命令英文	命令别名
1	删除	ERASE	E
2	复制	COPY	CO、CP
3	镜像	MIRROR	MI
4	偏移	OFFSET	O
5	阵列	ARRAY	AR
6	移动	MOVE	M
7	旋转	ROTATE	RO
8	比例缩放	SCALE	SC
9	拉伸	STRETCH	S
10	拉长	LENGTHEN	LEN
11	修剪	TRIM	TR
12	延伸	EXTEND	EX
13	打断	BREAK	BR
14	倒角	CHAMFER	CHA
15	圆角	FILLET	F
16	分解	EXPLODE	X
17	放弃	UNDO	
18	重做	REDO	
19	恢复	OOPS	
20	编辑文字	DDEDIT	ED
21	编辑多段线	PEDIT	PE

B-3 AutoCAD 常用尺寸标注命令

序 号	命令中文	命令英文	命令别名
1	线性标注	DIMLINEAR	DLI
2	对齐标注	DIMALIGNED	DAL
3	弧长标注	DIMARC	DAR
4	半径标注	DIMRADIUS	DRA
5	直径标注	DIMDIAMETER	DDI
6	角度标注	DIMANGULAR	DAN
7	基线标注	DIMBASELINE	DBA
8	连续标注	DIMCONTINUE	DCO
9	形位公差	TOLERANCE	TOL
10	引线标注	LEADER	
11	多重引线标注	MLEADER	
12	标注样式	DIMSTYLE	D
13	编辑标注	DIMEDIT	DED
14	编辑标注文字	DIMTEDIT	

B-4 AutoCAD 其他常用命令

序 号	命令中文	命令英文	命令别名
1	视窗缩放	ZOOM	Z
2	实时平移	PAN	P
3	系统设置	OPTIONS	OP
4	图形界限	LIMITS	
5	单位	UNITS	UN
6	建立图层	LAYER	LA
7	设置线型	LINETYPE	LT
8	设置线型比例	LTSCALE	LTS
9	设置线宽	LWEIGHT	LW
10	颜色控制	COLOR	COL
11	查询点坐标	ID	
12	查询距离	DIST	DI
13	查询列表	LIST	LI

附录 C　AutoCAD 绘图常见问题及解决方法

1. 打开 AutoCAD 时命令行的文字显示为一个个黑色矩形框，无法识别，如何解决？

解决方法：修改系统设置。在 AutoCAD 中，选择菜单栏“工具→选项”命令，在弹出的“选项”对话框中点击“显示”选项卡，再单击“字体”按钮，选择命令行窗口字体为“新宋体”，单击“应用并关闭”按钮。再单击“确定”按钮退出设置，则命令行的文字会正常显示。

2. 命令行窗口不见了，怎样调出？

解决方法：同时按下 < Ctrl +9 > 键，即可打开或隐藏命令行窗口。

3. 绘图时为何拾取框跳跃移动，而选取不到所需的图形对象？

原因是打开了状态栏处的“捕捉”模式，打开该模式后光标会按指定的间距移动，看起来像在跳跃移动。若所需的图形对象不落在指定的间距上，自然选取不到。

解决方法：按下状态栏处的“捕捉”按钮关闭该模式。

4. 使用显示控制操作时，为何所画图形突然不见了？

原因是可能你对空白区进行了放大的误操作。

解决方法：请在命令行输入 ZOOM ↙，再输入 ALL 选项字母 A < 回车 >，即可重新显示全部图形；或输入 P 字母，< 回车 >，则恢复上一次的缩放显示的图形。

5. 图层设置后，绘图时中心线、虚线等非连续线型并没有显示出点画线线条和虚线线条，而是显示成细实线（连续线型），**应如何解决？**

解决方法：修改线型比例因子，可调整非连续线段的长短，以正确显示中心线或虚线等。

修改全图中的非连续线型的线型比例因子：在命令行输入全局线型比例因子命令 LTSCALE，< 回车 > 后输入新的线型比例因子。若点画线太密，则增大线型比例因子（ >1），否则减小线型比例因子（ <1）。

修改个别非连续线型的比例因子：选取图线对象→鼠标右键单击选“对象特性”命令→在弹出的“特性”对话框中，修改该图线的当前线型比例值（注：是局部的，默认值为 1）→则可修改所选对象的线型比例，不会影响到其他图线。

6. 为何图案填充不成功，总是出现“未找到有效的图案填充边界”的提示？

进行图案填充时，以“拾取点”方式确定填充边界时，若系统出现“未找到有效的图案填充边界”的提示，说明图案填充的边界还没有封闭，图案填充不了。

解决方法：先用“延伸”命令使其封闭，再重新进行图案填充操作。

7. 为何填充图案花白一片，或填充图案不显示？

图案填充操作完成后，图案显示为近似实心或花白一片，说明所填充的图案比例太小（即图案图线的间隙太小）。

解决方法：请返回“边界图案填充”对话框重新修改比例，增大至适当值即可。若填充后不显示填充图案，说明图案的比例太大，请返回“边界图案填充”对话框修改比例至适当小的值即可。

8. 写文字时为何出现奇怪的“???”或“□ □ □”符号?

如用装有仿宋体字的“汉字”文字样式写“ϕ”时，“%%c”会变成奇怪的“?”或“□”。

解决方法：写文字时要注意用对应的文字样式书写，如写汉字用装有仿宋体字体的“汉字”文字样式，尺寸标注用装有“gbenor. shx”字体的文字样式写。

9. 为何写汉字时出现的字是倒着写的，如“技术要求”。

这是因为文字样式设置不正确。

解决方法：返回书写汉字的文字样式，把所装的字体形式“@ 仿宋 - GB2312”改成“仿宋 - GB2312”即可。

10. 编辑图形时，命令完成后为何操作不成功?

原因一：图形所在的图层已被锁定，故该图层上的对象不能被编辑。若是此种情况，命令行会出现“选择对象：找到 0 个，× × 个在锁定的图层上”的提示。

解决方法：单击“图层”工具条上该图层状态条上的“锁定”标记使其变成“解锁”状态。

原因二：操作时，未注意命令行的变化，盲目操作，或鼠标左、右键使用不当。

解决方法：应按命令行的提示操作，时刻注意命令行的变化，若操作不成功则应重新操作，进行拾取操作时点击鼠标左键，确定或结束命令时点击鼠标右键。

11. 如何删除无用的图层名、块名?

作图过程中经常生成一些图块、层或其他类型的命名，当这些命名不再需要（如一个不包括任何对象的层，一个没有被使用的块等），则应及时进行删除。

解决方法：单击 AutoCAD 菜单栏“文件→绘图实用程序→清理”命令（即 PURGE 命令），出现“清理”对话框，可以有选择地删除图形中未使用的命名项目，如块、标注样式、文字样式、图层等。

12. 关于输出比例的问题。

建议在 AutoCAD 中始终按 1∶1 的比例绘图，而在输出时可以选择所需比例进行布局。输出时我们不希望文字高度和箭头大小随输出比例不同而变化，此时只要在“调整”选项卡中将全局比例改为绘图输出比例即可。例如输出比例为 1/2，请设为“2”。

附录 D 职业技能认证考试训练题

名称	二维码	名称	二维码	名称	二维码
绘图题-01		绘图题-08		绘图题-15	
绘图题-02		绘图题-09		绘图题-16	
绘图题-03		绘图题-10		绘图题-17	
绘图题-04		绘图题-11		绘图题-18	
绘图题-05		绘图题-12		绘图题-19	
绘图题-06		绘图题-13		绘图题-20	
绘图题-07		绘图题-14			

参考文献

[1] 曾令宜. AutoCAD 2010 工程绘图技能训练教程［M］. 北京：高等教育出版社，2010.
[2] 刘魁敏. 计算机绘图 AutoCAD 2010 中文版［M］. 北京：机械工业出版社，2011.
[3] 郭艳艳. 机械制图及计算机绘图技能实训［M］. 北京：人民邮电出版社，2007.